建筑工程细部节点做法与施工工艺图解丛书

钢筋混凝土结构工程细部节点做法与施工工艺图解

（第二版）

丛书主编：毛志兵

本书主编：陈硕晖

组织编写：中国土木工程学会总工程师工作委员会

U0210814

中国建筑工业出版社

图书在版编目（CIP）数据

钢筋混凝土结构工程细部节点做法与施工工艺图解 / 陈硕晖主编；中国土木工程学会总工程师工作委员会组织编写. -- 2版. -- 北京：中国建筑工业出版社，2024.12. --（建筑工程细部节点做法与施工工艺图解丛书 / 毛志兵主编）. -- ISBN 978-7-112-30155-3

Ⅰ. TU755-64

中国国家版本馆 CIP 数据核字第 202422HB24 号

本书以通俗、易懂、简单、经济、实用为出发点，从节点图、实体照片、工艺说明三个方面解读工程节点做法。本书分为钢筋工程；模板工程；混凝土工程共 3 章。提供了 200 多个常用细部节点做法，能够对项目基层管理岗位对工程质量的把控及操作人员的实际操作有所启发和帮助。

本书是一本实用性图书，可以作为监理单位、施工企业、一线管理人员及劳务操作人员的培训教材。

责任编辑：季　帆　张　磊
文字编辑：张建文
责任校对：赵　力

建筑工程细部节点做法与施工工艺图解丛书
钢筋混凝土结构工程细部节点
做法与施工工艺图解
（第二版）
丛书主编：毛志兵
本书主编：陈硕晖
组织编写：中国土木工程学会总工程师工作委员会

*

中国建筑工业出版社出版、发行（北京海淀三里河路 9 号）
各地新华书店、建筑书店经销
北京鸿文瀚海文化传媒有限公司制版
北京圣夫亚美印刷有限公司印刷

*

开本：850 毫米×1168 毫米　1/32　印张：10¾　字数：305 千字
2024 年 8 月第二版　　2024 年 8 月第一次印刷
定价：**49.00** 元
ISBN 978-7-112-30155-3
（43136）

丛书编委会

主　　编： 毛志兵

副主编： 朱晓伟　刘　杨　刘明生　刘福建　李景芳

　　　　　杨健康　吴克辛　张太清　张可文　陈振明

　　　　　陈硕晖　欧亚明　金　睿　赵秋萍　赵福明

　　　　　黄克起　颜钢文

本书编委会

主编单位：北京建工集团有限责任公司

参编单位：北京建工集团有限责任公司建筑工程总承包部

北京市第三建筑工程有限公司

北京城乡建设集团有限责任公司

北京建工四建工程建设有限公司

主　　编：陈硕晖

副 主 编：刘爱玲　阴吉英

编写人员：谢　婧　唐永讯　杨　丹　任淑梅　王　昕

黄中营　李相凯　闫国良　杨　硕　孟昭华

邵一展　王振辉　王先龙　张海涛　胡志强

陈　飞　韩　特　张　晨　吴修峰　蔡晓鹏

张雪斌　陈达非　赵　华　屈　靖　翟晓琴

丛书前言

　　"建筑工程细部节点做法与施工工艺图解丛书"自 2018 年出版发行后，受到了业内工程施工一线技术人员的欢迎，截至 2023 年底，累计销售已近 20 万册。本丛书对建筑工程高质量发展起到了重要作用。近年来，随着建筑工程新结构、新材料、新工艺、新技术不断涌现以及工业化建造、智能化建造和绿色化建造等理念的传播，施工技术得到了跨越式的发展，新的节点形式和做法进一步提高了工程施工质量和效率。特别是 2021 年以来，住房和城乡建设部陆续发布并实施了一批有关工程施工的国家标准和政策法规，显示了对工程质量问题的高度重视。

　　为了促进全行业施工技术的发展及施工操作水平的整体提升，紧随新的技术潮流，中国土木工程学会总工程师工作委员会组织了第一版丛书的主要编写单位以及业界有代表性的相关专家学者，在第一版丛书的基础上编写了"建筑工程细部节点做法与施工工艺图解丛书（第二版）"（简称新版丛书）。新版丛书沿用了第一版丛书的组织形式，每册独立组成编委会，在丛书编委会的统一指导下，根据不同专业分别编写，共 11 分册。新版丛书结合国家现行标准的修订情况和施工技术的发展，进一步完善第一版丛书细部节点的相关做法。在形式上，结合第一版丛书通俗易懂、经济实用的特点，从节点构造、实体照片、工艺要点等几个方面，解读工程节点做法与施工工艺；在内容上，随着绿色建筑、智能建筑的发展，新标准的出台和修订，部分节点的做法有一定的精进，新版丛书根据新标准的要求和工艺的进步，进一步完善节点的做法，同时补充新节点的施工工艺；在行文结构中，进一步沿用第一版丛书的编写方式，采用"施工方式＋案例""示意图＋现场图"的形式，使本丛书的编写更加简明扼要、方便查找。

新版丛书作为一本实用性的工具书，按不同专业介绍了工程实践中常用的细部节点做法，可以作为设计单位、监理单位、施工企业、一线管理人员及劳务操作层的培训教材，希望对项目各参建方的实际操作和品质控制有所启发和帮助。

新版丛书虽经过长时间准备、多次研讨与审查修改，但仍难免存在疏漏与不足之处，恳请广大读者提出宝贵意见，以便进一步修改完善。

丛书主编：毛志兵

本书前言

本书根据"建筑工程细部节点做法与施工工艺图解丛书"编委会的要求，由北京建工集团有限责任公司会同北京建工集团有限责任公司建筑工程总承包部、北京市第三建筑工程有限公司、北京城乡建设集团有限责任公司、北京建工四建工程建设有限公司共同编制。

在编写过程中，编写组认真研究了现行国家标准《混凝土结构通用规范》GB 55008、《混凝土结构工程施工质量验收规范》GB 50204、《混凝土结构工程施工规范》GB 50666、《装配式混凝土建筑技术标准》GB/T 51231，并参照现行图集及国家标准《混凝土结构施工图平面整体标识方法制图规则和构造详图》22G101-1～3、《钢筋机械连接技术规程》JGJ 107、《钢筋焊接及验收规程》JGJ 18、《建筑施工模板安全技术规范》JGJ 162、《建筑施工扣件式钢管脚手架安全技术规范》JGJ 130、《建筑工程大模板技术标准》JGJ/T 74、《组合铝合金模板工程技术规程》JGJ 386、《液压爬升模板工程技术标准》JGJ/T 195、《混凝土泵送施工技术规程》JGJ/T 10 等有关资料，并结合编制组在钢筋混凝土工程施工中的有关经验进行编制。

本书主要内容有：钢筋工程、模板工程、混凝土工程三章、293 个节点，每个节点包括实体照片或 BIM 图片及工艺说明两部分，力求做到图文并茂、通俗易懂。

由于时间仓促，经验不足，书中难免存在缺点和错漏，恳请广大读者指正。

目 录

第一章 钢筋工程

第一节 钢筋加工 …………………………………… 1

010101 钢筋原材堆放 ………………………… 1

010102 钢筋调直和切断 …………………… 2

010103 钢筋弯钩和弯折 …………………… 3

010104 技术交底牌 ……………………… 4

010105 半成品码放 ……………………… 5

010106 圆形箍筋加工 ……………………… 6

010107 螺旋箍筋加工 ……………………… 7

010108 矩形箍筋加工 ……………………… 8

010109 异形箍筋加工 ……………………… 9

010110 直螺纹丝头加工 …………………… 10

010111 直螺纹丝头检查 …………………… 11

010112 直螺纹丝头保护 …………………… 12

第二节 钢筋构造 …………………………… 13

010201 受拉钢筋锚固长度 ………………… 13

010202 纵筋弯钩锚固和机械锚固 ………… 15

010203 封闭箍筋及拉筋弯钩构造 ………… 16

010204 梁柱纵筋间距 …………………… 17

010205 基础梁端部钢筋构造 ……………… 19

010206 基础板端部钢筋构造（梁板式） ………… 20

010207 基础板端部钢筋构造（平板式） ………… 21

010208　基础后浇带钢筋构造　·················· 22

010209　墙体插筋　························· 23

010210　剪力墙竖向钢筋顶部构造·············· 24

010211　剪力墙变截面竖向钢筋构造··········· 25

010212　剪力墙端部水平钢筋构造··········· 26

010213　翼墙端部水平钢筋构造　··········· 27

010214　斜交墙端部水平钢筋构造·········· 28

010215　转角墙端部水平钢筋构造·········· 29

010216　有端柱时剪力墙水平钢筋构造········ 30

010217　约束边缘构件················· 31

010218　框架柱在基础内插筋　············· 32

010219　屋面框架梁端支座纵筋构造········· 33

010220　框架柱中柱主筋收头············· 34

010221　框架柱变截面处钢筋构造··········· 35

010222　框架柱钢筋变径、变数量构造········ 36

010223　框支梁构造　················· 37

010224　梁中间支座下部钢筋构造········· 38

010225　框架中间层端节点构造　·········· 39

010226　框架中间层中间节点构造（一）····· 40

010227　框架中间层中间节点构造（二）···· 41

010228　框架中间层端节点梁加腋构造······ 42

010229　框架中间层中间节点梁加腋构造····· 43

010230　悬挑梁钢筋构造············· 44

010231　板加腋钢筋构造　············· 45

010232　升降板钢筋构造（一）········· 46

010233　升降板钢筋构造（二）········· 47

010234　悬挑板配筋构造　············· 48

010235　阳角放射筋构造··········· 49

010236　板翻边钢筋构造　··········· 50

010237　楼梯滑动支座节点构造 ················· 51

010238　折板楼梯钢筋锚固 ················· 52

010239　墙体洞口钢筋 ················· 53

010240　板上洞口钢筋 ················· 54

010241　框架柱端部箍筋加密 ················· 55

010242　框架梁端部箍筋加密 ················· 56

010243　主次梁处箍筋加密 ················· 57

010244　连梁箍筋加密 ················· 58

010245　人防门下口加强梁箍筋构造 ········· 59

010246　人防门框加强梁钢筋构造 ········· 60

010247　人防门框墙吊钩设置构造 ········· 61

010248　临空墙钢筋构造 ················· 62

第三节　钢筋绑扎 ················· 63

010301　墙板钢筋绑扣 ················· 63

010302　主筋与箍筋交叉处绑扣 ········· 64

010303　绑扣丝头朝向 ················· 65

010304　墙体钢筋放置顺序 ················· 66

010305　梁柱（墙）钢筋放置顺序 ········· 67

010306　主次梁钢筋放置顺序 ················· 68

010307　底板（顶板）钢筋放置顺序 ········· 69

010308　墙体起步筋位置 ················· 70

010309　多层钢筋间距控制 ················· 72

010310　型钢柱箍筋排布 ················· 73

010311　梁主筋穿型钢柱 ················· 74

010312　纵筋搭接构造做法 ················· 75

010313　搭接范围内三点绑扎 ················· 76

010314　剪力墙水平钢筋接头错开 ········· 77

010315　剪力墙竖向钢筋接头错开 ········· 78

010316　纵筋搭接范围内箍筋加密 ········· 79

010317　箍筋安装 ･･････････････････････････ 80

010318　梁柱箍筋绑扎 ･･････････････････････ 81

010319　梁柱节点核心区箍筋 ････････････････ 82

010320　拉钩安装 ･･････････････････････････ 83

010321　剪力墙、连梁拉筋设置 ････････････ 84

010322　受力钢筋的混凝土最小保护层厚度 ･･ 85

010323　墙体竖向梯格筋 ････････････････････ 86

010324　地下室外墙竖向梯格筋 ････････････ 88

010325　顶模棍 ････････････････････････････ 89

010326　墙体水平梯格筋 ････････････････････ 90

010327　暗柱定位支架 ･･････････････････････ 91

010328　双 F 卡 ･･････････････････････････ 92

010329　定位箍筋框 ････････････････････････ 93

010330　洞口模板定位钢筋 ･･････････････････ 95

010331　标准层顶板钢筋马凳 ････････････････ 96

010332　基础底板钢筋马凳 ･･････････････････ 97

010333　间隔件制作与安装 ･･････････････････ 98

010334　止水钢板穿框架柱节点 ････････････ 99

第四节　钢筋连接 ････････････････････････ 100

010401　纵筋接头位置 ･･････････････････････ 100

010402　框架梁受力钢筋接头位置 ･･････････ 101

010403　直螺纹接头外观质量 ････････････････ 102

010404　直螺纹接头标识 ････････････････････ 103

010405　箍筋错开套筒位置 ･･････････････････ 104

010406　电渣压力焊 ････････････････････････ 105

010407　电渣压力焊接头外观检查 ･･････････ 106

010408　电渣压力焊接头清理 ････････････････ 107

010409　电弧焊接头（搭接焊） ････････････ 108

010410　接头帮条焊补强 ････････････････････ 109

010411 接头绑扎补强 ·· 110

第五节 钢筋成品保护 ·· 111

010501 竖向钢筋成品保护 ·· 111

010502 污染钢筋的清理 ··· 112

010503 板筋成品保护 ··· 113

第二章 模板工程

第一节 基础模板 ·· 114

020101 基础底板导墙模板 ·· 114

020102 基础底板上反梁模板 ······································· 116

020103 独立柱基础木模板 ·· 117

020104 独立柱基础组合钢模板 ···································· 118

020105 条形基础模板 ··· 119

020106 电梯井及集水坑木模板 ···································· 120

020107 杯形基础木模板 ··· 121

020108 基础高低跨木模板 ·· 122

第二节 墙体模板 ·· 123

020201 大钢模板高度设计 ·· 123

020202 大钢模板阴、阳角模板 ···································· 124

020203 大钢模角模板与钢模板连接节点 ····················· 126

020204 大钢模板连接 ··· 127

020205 大钢模板接高 ··· 128

020206 木模板接高大钢模板 ······································· 129

020207 木模板与钢模板水平拼装 ································· 130

020208 组合钢制阴、阳角模板 ···································· 131

020209 组合钢模板连接节点 ······································· 132

020210 墙体木模板 ·· 133

020211 墙体塑料模板 ··· 134

020212 木制阴、阳角模板 ·········· 136

020213 高低楼板接槎处模板 ·········· 137

020214 木模板拼缝 ·········· 138

020215 地下室外墙单侧支模 ·········· 139

020216 地下室外墙单侧支模（木模板） ·········· 141

020217 墙体模板底部防漏浆措施 ·········· 142

020218 外墙模板层间接缝处节点 ·········· 143

020219 阳台、女儿墙栏板模板 ·········· 144

第三节 框架柱 ·········· 145

020301 方（矩）形可调柱钢模板 ·········· 145

020302 方（矩）形可调柱木模板（方圆扣） ·········· 146

020303 圆（异）形柱钢模板 ·········· 147

020304 方（矩）形柱木模板 ·········· 148

020305 圆（异）形柱木模板 ·········· 149

020306 圆形柱玻璃钢模板 ·········· 150

020307 柱模板清扫口留置 ·········· 151

020308 附墙柱模板 ·········· 152

第四节 梁板模板 ·········· 154

020401 梁板支撑 ·········· 154

020402 悬挑梁板支撑 ·········· 156

020403 顶板侧模 ·········· 157

020404 空心楼板模板 ·········· 158

020405 顶板模板与竖向结构交接节点 ·········· 159

020406 挑板端面模板 ·········· 160

020407 楼板降板处侧模板 ·········· 161

020408 楼板降板可调定形钢模板 ·········· 162

020409 顶板预留洞定形模具 ·········· 163

020410 梁柱节点模板（一） ·········· 164

020411 梁柱节点模板（二） ·········· 165

020412　梁板起拱 ········· 166

020413　梁底清扫口设置 ········· 167

020414　加腋梁柱节点模板 ········· 168

020415　楼板早拆支撑体系 ········· 170

020416　塑料膜壳模板 ········· 171

020417　方（矩）形可调梁木模板（方圆扣） ········· 173

第五节　螺栓 ········· 174

020501　地下室外墙普通止水螺栓 ········· 174

020502　地下室外墙普通止水螺栓（免打孔） ········· 175

020503　地下室外墙五接头止水螺栓 ········· 176

020504　穿墙螺栓 ········· 178

020505　柱模板穿柱螺栓 ········· 179

020506　梁侧模板对拉螺栓 ········· 181

第六节　楼梯模板 ········· 182

020601　楼梯定形钢模板 ········· 182

020602　楼梯定形木模板 ········· 183

第七节　电梯井模板 ········· 184

020701　钢制定形筒模板 ········· 184

020702　木模板电梯井层间接槎 ········· 185

020703　电梯井支模板平台——墙豁支撑式 ········· 186

020704　电梯井支模板平台——三角支架式 ········· 188

第八节　门窗洞口、阳台及异形部位模板 ········· 189

020801　门窗洞口钢制定形模板 ········· 189

020802　门窗洞口木制定形模板 ········· 190

020803　窗口模板排气孔 ········· 192

020804　窗口滴水条 ········· 193

020805　阳台模板 ········· 194

第九节　后浇带及施工缝模板 ········· 195

020901　底板后浇带模板 ········· 195

020902 地下室外墙后浇带模板 ·········· 196

020903 楼板后浇带模板 ············ 197

020904 楼板施工缝模板 ············ 198

020905 后浇带早拆支撑体系（快拆头）·········· 199

020906 墙体竖向施工缝 ············ 200

020907 双墙变形缝模板 ············ 201

第十节 高大模板支撑 ·········· 202

021001 梁板模架立杆上下部构造要求 ········ 202

021002 模架立杆顶部支设要求 ·········· 203

021003 水平、竖向剪刀撑 ·········· 204

021004 高大模板连墙件设置 ·········· 205

第十一节 铝合金模板 ·········· 206

021101 铝合金顶板模板支撑 ·········· 206

021102 铝合金竖向模板支撑 ·········· 208

021103 铝合金墙模板拉结措施 ·········· 209

021104 铝合金梁模板 ············ 210

021105 铝合金墙柱模板根部处理 ·········· 211

021106 铝合金模板顶板留洞 ·········· 212

021107 电梯井铝合金模板 ·········· 213

第十二节 液压爬升模板 ·········· 214

021201 液压爬升模板系统 ·········· 214

021202 液压爬升导轨固定节点 ·········· 215

021203 液压爬升模板固定、退模节点 ········ 216

第十三节 清水模板 ·········· 217

021301 禅缝模板 ············ 217

021302 明缝模板 ············ 218

021303 对拉螺栓 ············ 219

021304 穿墙套管组件 ············ 220

021305 假眼 ·················· 221

021306　定位钢筋端头节点 •••••••••••••••••••••••• 222

021307　钢筋保护层控制 ••••••••••••••••••••••••• 223

第十四节　模板清理、养护及冬季保温措施 •••••••• 224

021401　模板清理 ••••••••••••••••••••••••••••• 224

021402　墙体大钢模板保温 ••••••••••••••••••••••• 225

第十五节　人防工程模板 ••••••••••••••••••••••• 226

021501　人防附墙柱、连墙角柱模板 •••••••••••••••• 226

第十六节　装配式结构模板 ••••••••••••••••••••• 227

021601　预制竖向构件现浇暗柱节点模板 •••••••••••• 227

021602　预制 PCF 墙板现浇暗柱节点模板 •••••••••••• 229

021603　预制叠合板间现浇板带节点模板 •••••••••••• 230

021604　预制叠合板独立支撑体系 •••••••••••••••••• 232

021605　预制悬挑构件模板支撑体系 •••••••••••••••• 233

第十七节　数字化模板 ••••••••••••••••••••••••• 234

021701　数字化模板深化 •••••••••••••••••••••••• 234

第三章　混凝土工程

第一节　混凝土运输 ••••••••••••••••••••••••••• 236

030101　坍落度测试 •••••••••••••••••••••••••••• 236

030102　混凝土输送泵支设 •••••••••••••••••••••••• 237

030103　泵管支设 ••••••••••••••••••••••••••••• 238

030104　泵管布置 ••••••••••••••••••••••••••••• 239

030105　作业面泵管支设 •••••••••••••••••••••••••• 240

030106　泵管穿楼板时竖向固定 •••••••••••••••••••• 241

030107　泵管支设水平固定 •••••••••••••••••••••••• 242

030108　泵管水平管转向处与竖向管固定 •••••••••••• 243

030109　混凝土浇筑布料机支设 •••••••••••••••••••• 244

030110　混凝土浇筑布料斗设置 •••••••••••••••••••• 245

第二节　混凝土浇筑 ················ 246

030201　墙柱水平施工缝铺底砂浆 ········ 246

030202　墙体混凝土分层浇筑 ············ 247

030203　柱混凝土分层浇筑 ·············· 248

030204　底板混凝土分层浇筑 ············ 249

030205　梁柱节点核心区 ················ 250

030206　串筒、溜管（槽）下料 ·········· 251

030207　门窗洞口浇筑 ················ 252

030208　混凝土振捣 ·················· 253

030209　混凝土抹面 ·················· 254

030210　装配式结构连接套筒灌浆施工 ···· 255

030211　叠合剪力墙空腔混凝土浇筑——纵肋叠合剪力墙 ····· 257

030212　叠合剪力墙空腔混凝土浇筑——EVE 墙体 ······· 259

030213　叠合剪力墙空腔混凝土浇筑——SPCS 墙体 ······· 260

030214　叠合剪力墙空腔混凝土浇筑——EMC 墙体 ······· 261

030215　叠合板混凝土浇筑 ·············· 262

第三节　混凝土施工缝 ················ 263

030301　基础导墙施工缝 ················ 263

030302　地下室外墙防水混凝土水平施工缝 ·· 264

030303　墙柱水平施工缝 ················ 265

030304　楼板施工缝 ·················· 266

030305　墙体竖向施工缝 ················ 267

030306　框架结构楼梯施工缝 ············ 268

030307　剪力墙结构楼梯施工缝 ·········· 269

030308　梁窝留设 ···················· 270

030309　楼板后浇带施工缝 ·············· 272

030310　水平施工缝处理 ················ 273

030311　竖向施工缝处理 ················ 277

030312　跳仓法施工分仓设置 ············ 278

030313　跳仓法施工底板竖向施工缝 ·············· 279

第四节　混凝土试件 ·············· 280

030401　混凝土试块制作 ·············· 280

030402　装配式灌浆料试件制作 ·············· 281

030403　混凝土试块标识 ·············· 282

030404　混凝土试块标准养护 ·············· 283

030405　常温下混凝土试块同条件养护 ·············· 284

030406　冬期施工期间混凝土试块同条件养护 ·············· 285

030407　高温期间混凝土试块同条件养护 ·············· 286

第五节　混凝土养护 ·············· 287

030501　墙体保水养护 ·············· 287

030502　框架柱保水养护 ·············· 288

030503　楼板保水养护 ·············· 289

030504　洒水养护 ·············· 290

030505　底板大体积混凝土养护 ·············· 291

030506　墙体带模养护 ·············· 292

第六节　混凝土保温与测温 ·············· 293

030601　冬期施工混凝土泵管保温 ·············· 293

030602　高温施工混凝土泵管覆盖 ·············· 294

030603　冬期施工门窗封闭养护 ·············· 295

030604　墙体大钢模板保温 ·············· 296

030605　柱模板保温 ·············· 297

030606　墙柱混凝土实体保温 ·············· 298

030607　楼板混凝土实体保温 ·············· 299

030608　墙体插筋部位保温 ·············· 300

030609　冬期施工混凝土浇筑测温 ·············· 301

030610　大体积混凝土测温 ·············· 302

030611　冬期施工混凝土测温 ·············· 303

第七节　混凝土成品保护 ·························· 304

030701　楼板洞口防护 ······················· 304

030702　楼梯踏步防护 ······················· 305

030703　门窗洞口、墙柱阳角成品保护 ············ 306

030704　降板口防护 ························· 307

030705　特殊部位处理 ······················· 308

030706　装配式预制构件运输保护 ·············· 309

030707　装配式预制构件存放保护 ·············· 310

第八节　超高层混凝土 ······················· 311

030801　首层泵管支设 ······················· 311

030802　竖向泵管支设 ······················· 312

030803　截止阀设置 ························· 313

030804　缓冲弯管设置 ······················· 314

030805　管道清洗 ··························· 315

030806　布料系统 ··························· 316

030807　钢板混凝土组合剪力墙混凝土浇筑 ········ 317

030808　钢管混凝土顶升单向阀、截止阀 ········· 318

030809　钢管混凝土高抛浇筑 ·················· 320

030810　劲性节点混凝土浇筑 ·················· 321

第一章　钢筋工程

第一节 ● 钢筋加工

010101 钢筋原材堆放

钢筋堆放场地硬化现场图　　　　　钢筋标识牌现场图

> **工艺说明**
>
> ①钢筋堆放场地应硬化或覆盖，并有排水坡度。
>
> ②为防止钢筋锈蚀，宜设置地垄墙、木方或周转型钢梁。
>
> ③钢筋应按级别、品种、直径、厂家等分垛码放，并挂标识牌，注明产地、规格、品种、数量、进场时间、复试报告单编号、质量检查状态（待检、合格、不合格）。

010102 钢筋调直和切断

钢筋调直现场图　　　　　　钢筋切断现场图

钢筋端头切断现场图

工艺说明

①　钢筋宜采用无延伸功能的机械设备进行调直（通过机械设备使用说明书判断其有无延伸功能），采用冷拉方法调直时，应进行力学性能和单位长度重量偏差的检验。伸长率要求：光圆钢筋应小于等于4%，带肋钢筋应小于等于1%。

②　钢筋切断配料以钢筋配料单提供的钢筋级别、直径、外形和下料长度为依据，在工作台上做出明显的标识，确保下料长度准确。

③　采用钢筋切断机断料时，要保证其端部不因挤陷而导致丝扣不饱满。要求钢筋断面垂直于轴线，无马蹄形或弯曲头。

④　用于机械连接、定位的钢筋应采用无齿锯切割，保证端头平直，顶端切口无有碍于套丝质量的斜口、马蹄口或扁头。

010103　钢筋弯钩和弯折

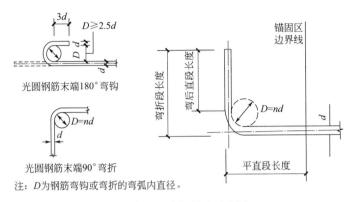

光圆钢筋末端180°弯钩

光圆钢筋末端90°弯折

注：D为钢筋弯钩或弯折的弯弧内直径。

钢筋弯钩和弯折做法示意图

工艺说明

①光圆钢筋的弯弧内直径不应小于钢筋直径的 2.5 倍，弯钩的弯后平直段长度不应小于钢筋直径的 3 倍。

②400MPa 级带肋钢筋的弯弧内直径不应小于钢筋直径的 4 倍，弯钩的弯后平直部分长度应符合设计要求。

③500MPa 级带肋钢筋，当直径为 28mm 以下时，弯折处的弯弧内直径不应小于钢筋直径的 6 倍，当直径为 28mm 及以上时，不应小于钢筋直径的 7 倍。

④位于框架结构顶层端节点处的梁上部纵筋和柱外侧纵筋，在节点角部弯折处，当直径为 28mm 以下时，弯折处的弯弧内直径不应小于钢筋直径的 12 倍，当直径为 28mm 及以上时，不应小于钢筋直径的 16 倍。

⑤箍筋弯折处的弯弧内直径尚不应小于纵筋直径；箍筋弯折处纵筋为钢筋搭接或并筋时，应按钢筋实际排布情况确定箍筋弯弧内直径。

⑥当钢筋采用 90°弯折锚固时，上图示"平直段长度"及"弯折段长度"均指包括弯弧在内的投影长度。

010104 技术交底牌

钢筋的加工样板展示图

钢筋的技术交底牌展示图

工艺说明

① 钢筋的技术交底牌应悬挂于现场。

② 钢筋加工前应有详细的技术交底及加工翻样图，分别明示于各自的操作台前。

010105 半成品码放

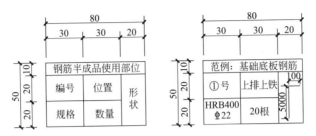

钢筋半成品码放做法示意图

钢筋半成品码放现场图

工艺说明

① 钢筋加工经检查合格后，按照使用部位、规格等分类码放，并做好标识。

② 半成品吊牌采用防水、防撕的耐用布质材料，牢固地绑扎在钢筋半成品上。

③ 丝头检查合格后用塑料帽盖好，加以保护。

010106 圆形箍筋加工

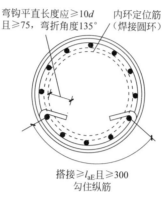

弯钩平直长度应≥10d
且≥75，弯折角度135°

内环定位筋
（焊接圆环）

搭接≥l_{aE}且≥300
勾住纵筋

圆形箍筋加工做法示意图

专用加工模具

圆形箍筋加工现场图

工艺说明

① 圆形箍筋搭接长度不应小于其受拉锚固长度且≥300mm。

② 箍筋两末端应加设135°弯钩，对有抗震设防要求的结构箍筋弯钩平直长度应≥10d且不应小于75mm。

010107 螺旋箍筋加工

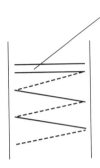

螺旋箍筋开始与结束的位置应有水平段，长度不小于一圈半；并每隔1~2m加一道直径≥12的内环定位钢筋

螺旋箍筋加工做法示意图

螺旋箍筋加工现场图

工艺说明

①螺旋箍筋加工时，螺旋箍筋开始与结束的位置应有水平段，长度不小于一圈半。

②每隔1~2m加一道直径≥12mm的内环定位钢筋。

010108 矩形箍筋加工

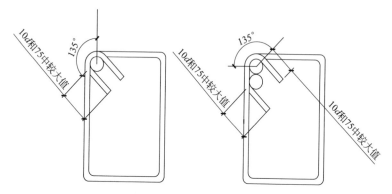

矩形箍筋加工做法示意图

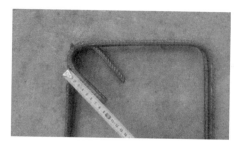

矩形箍筋加工现场图

工艺说明

　　① 有抗震要求的结构，箍筋端头做成135°弯钩，弯钩平整，平直段长短一致并平行，平直长度不小于 $10d$ 和 $75mm$ 的较大值。

　　② 非框架梁以及不考虑地震作用的悬挑梁等，箍筋及拉筋弯钩平直段长度可为 $5d$；当其受扭时，应为 $10d$。

　　③ 位于梁柱主筋搭接（或并筋）范围内的箍筋，其弯弧内直径增加一个主筋直径。

010109 异形箍筋加工

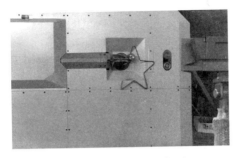

异形箍筋加工机械实物图

异形箍筋加工机械实物图

工艺说明

① 对于异形箍筋可采用数控钢筋弯箍机加工。

② 根据钢筋的规格、长度和弯曲角度，在数控钢筋弯箍机中输入相应的参数。

010110 直螺纹丝头加工

直螺纹丝头加工现场图

工艺说明

　　① 采用钢筋切断下料时，要保证其端部不因挤陷而导致丝扣不饱满，要求下料断面垂直钢筋轴线，无马蹄形或弯曲头，应采用履带锯、砂轮锯或带圆弧形刀片的专用钢筋切断机切平。

　　② 加工直螺纹丝头时，应用水溶性切削液，严禁用机油作切削液或不加切削液直接加工丝头。

　　③ 钢筋丝头长度应满足产品设计要求，丝头加工长度极限偏差应为正偏差 $0\sim2p$（p 为螺纹的螺距），以此保证丝头在套筒内可相互顶紧以减少残余变形，同时方便检查丝头是否完全拧入套筒。

　　④ 直螺纹丝头的加工端头应平齐，无毛刺；直螺纹中间应无断丝头现象；加工完的直螺纹应加塑料保护帽。

010111 直螺纹丝头检查

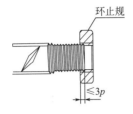

环止规-直螺纹丝头检查示意图与实物图

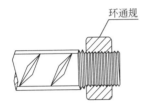

环通规-直螺纹丝头检查示意图与实物图

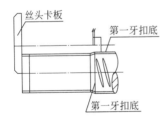

丝头卡板-直螺纹丝头检查示意图与实物图

工艺说明

①钢筋直螺纹丝头中径尺寸的检验应符合：环通规能顺利旋入，旋入长度不小于整个有效丝头长度，而环止规旋入丝头的深度小于等于3p（p为螺纹的螺距）。

②钢筋直螺纹丝头的有效旋合长度可使用专用丝头卡板检测。

010112 直螺纹丝头保护

塑料保护帽

直螺纹丝头保护现场图

分类码放

直螺纹钢筋分类码放现场图

工艺说明

① 丝头检查合格后用塑料保护帽盖好，加以保护。

② 半成品应按规格及使用部位分类码放。

第二节 • 钢筋构造

010201 受拉钢筋锚固长度

受拉钢筋锚固长度表

钢筋种类	混凝土强度等级							
	C25		C30		C35		C40	
	$d \leqslant 25$	$d > 25$	$d \leqslant 25$	$d > 25$	$d \leqslant 25$	$d > 25$	$d \leqslant 25$	$d > 25$
HPB300	$34d$	—	$30d$	—	$28d$	—	$25d$	—
HRB400、HRBF400 RRB400	$40d$	$44d$	$35d$	$39d$	$32d$	$35d$	$29d$	$32d$
HRB500、HRBF500	$48d$	$53d$	$43d$	$47d$	$39d$	$43d$	$36d$	$40d$

钢筋种类	混凝土强度等级							
	C45		C50		C55		$\geqslant$C60	
	$d \leqslant 25$	$d > 25$	$d \leqslant 25$	$d > 25$	$d \leqslant 25$	$d > 25$	$d \leqslant 25$	$d > 25$
HPB300	$24d$	—	$23d$	—	$22d$	—	$21d$	—
HRB400、HRBF400 RRB400	$28d$	$31d$	$27d$	$30d$	$26d$	$29d$	$25d$	$28d$
HRB500、HRBF500	$34d$	$37d$	$32d$	$35d$	$31d$	$34d$	$30d$	$33d$

注：d 为钢筋直径。

工艺说明

① 有抗震设防要求时，受拉钢筋抗震锚固长度 l_{aE} 为表中数据乘以抗震锚固长度修正系数 ζ_{aE}：一、二级抗震等级时，取 1.15；三级抗震等级时，取 1.05；四级抗震等级时，取 1.00。

② 下列情况下，受拉钢筋锚固长度 l_a 为表中数据乘以锚固长度修正系数 ζ_a：环氧树脂涂层带肋钢筋的锚固长度修正系数，取 1.25；施工过程中易受扰动的钢筋（如滑模施工），取 1.1；当锚固长度范围内纵筋周边保护层厚度 c 较大时，按以下原则取值：$c = 3d$ 时，取 0.8；$c \geqslant 5d$ 时，取 0.7；中间时按线性内插法取值。

③ l_a、l_{aE} 不应小于 200mm。

④ 当 HPB300 钢筋受拉时，其末端应做成 180° 弯钩，弯弧内直径 $\geqslant$ 2.5 倍钢筋直径，且弯钩平直段长度不应小于 $3d$；当受压时，可不做弯钩。

010202 纵筋弯钩锚固和机械锚固

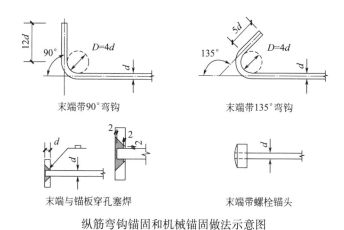

纵筋弯钩锚固和机械锚固做法示意图

工艺说明

①当纵向受拉普通钢筋末端采取弯钩或机械锚固措施时，包括弯钩或锚固端头在内的锚固长度（投影长度）可取为基本锚固长度的60%。

②螺栓锚头或焊端锚板的承压面积不应小于锚固钢筋截面积的4倍。

③受压钢筋不应采用末端弯钩。

④上图中末端弯钩弯弧内直径 $D=4d$ 为 HRB400 级钢筋的要求。当采用 HRB500 级钢筋时，$d \leqslant 25mm$ 时弯弧内直径 $D \geqslant 6d$；钢筋直径 $d > 25mm$ 时弯弧内直径 $D \geqslant 7d$。

010203 封闭箍筋及拉筋弯钩构造

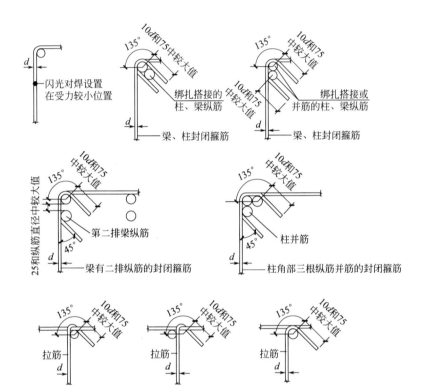

封闭箍筋及拉筋弯钩构造做法示意图

工艺说明

①抗震设计时，一般构件箍筋及拉筋弯钩平直段最小长度取75mm和10d较大值；非框架梁及不考虑地震作用的悬挑梁可为5d，当其受扭时应为10d。

②非抗震设计，且当构件受扭时，箍筋及拉筋弯钩平直段长度应为10d。

010204 梁柱纵筋间距

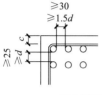
梁上部钢筋

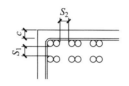
梁上部钢筋采用并筋

梁上部钢筋采用并筋

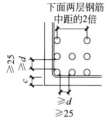
梁下部钢筋

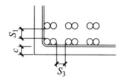
梁下部钢筋采用并筋

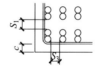
梁下部钢筋采用并筋

柱纵筋间距要求

梁柱纵筋间距示意图

梁并筋等效直径、最小净距表

纵筋直径 d（mm）	25	28	32
并筋根数	2	2	2
并筋等效直径 d_{eq}（mm）	35	39	45
层净距 S_1（mm）	35	39	45
上部钢筋净距 S_2（mm）	53	59	68
下部钢筋净距 S_3（mm）	35	39	45

工艺说明

①d、c_1 分别为纵筋较大直径及保护层厚度，c 为最外层钢筋保护层厚度。

②c_1 不应小于纵筋直径 d 或并筋等效直径 d_{eq}。

③机械连接套筒的横向净间距不宜小于25mm。

④并筋连接接头宜按每根单筋错开，接头面积百分比率应按同一连接区段内所有单根钢筋计算。钢筋的搭接长度应按单筋分别计算。

010205 基础梁端部钢筋构造

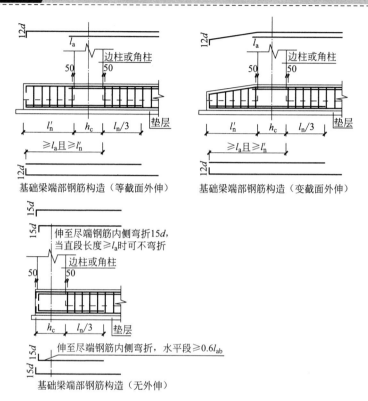

基础梁端部钢筋构造（等截面外伸）

基础梁端部钢筋构造（变截面外伸）

伸至尽端钢筋内侧弯折15d，当直段长度≥l_a时可不弯折

伸至尽端钢筋内侧弯折，水平段≥0.6l_{ab}

基础梁端部钢筋构造（无外伸）

基础梁端部钢筋构造示意图

工艺说明

①端部等（变）截面钢筋外伸构造中，当 $l'_n + h_c \geq l_a$ 时，基础梁底部第一排纵筋应伸至端部后弯折12d，第二排纵筋伸至端部截断；当 $l'_n + h_c < l_a$ 时，基础梁底部纵筋应伸至端部后弯折：水平段长度（从柱内边算起）应≥0.6l_{ab}，弯折段长度15d。

②端部无外伸构造时，基础梁端部应凸出端部竖向构件外边缘50mm。底部钢筋伸至尽端 0.6l_{ab} 后弯折 15d，顶部钢筋满足直锚时可直锚，否则应伸至尽端后弯折 15d。

010206 基础板端部钢筋构造（梁板式）

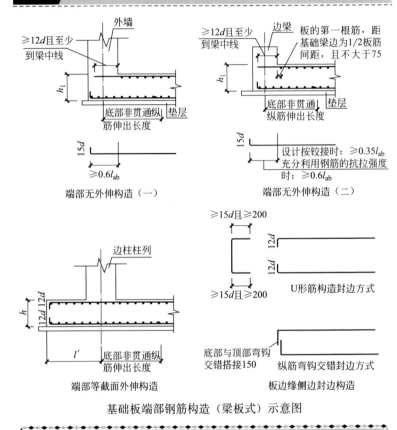

基础板端部钢筋构造（梁板式）示意图

> **工艺说明**
>
> ① 端部等（变）截面钢筋外伸构造中，当 $l'_n + h_c \geqslant l_a$ 时，筏板底筋应伸至端部后弯折 $12d$；当 $l'_n + h_c < l_a$ 时，基础梁底部纵筋应伸至端部后弯折，水平段长度（从梁或墙内边算起）应 $\geqslant 0.6 l_{ab}$，弯折段长度 $15d$。
>
> ② 端部无外伸构造时，筏板底筋伸入边梁或外墙外边弯折 $15d$，按铰接设计时，其水平段长度 $\geqslant 0.35 l_{ab}$；充分利用钢筋抗拉强度时，其水平段长度 $\geqslant 0.6 l_{ab}$。

010207 基础板端部钢筋构造（平板式）

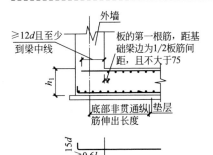

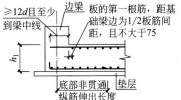

端部无外伸构造（一）

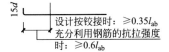

端部无外伸构造（二）

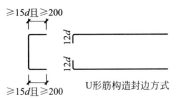

U形筋构造封边方式

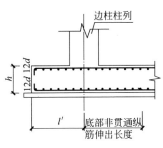

端部等截面外伸构造

板边缘侧边封边构造

基础板端部钢筋构造（平板式）示意图

工艺说明

① 端部有外伸构造时，需按侧面封边构造施工，设计未指定何种做法时，施工单位根据实际情况自行选择。

② 端部无外伸构造（一）中，当设计指定采用墙外侧竖向筋与筏板底筋搭接连接的做法时，基础底板下部钢筋弯折段应伸至基础顶面标高处（参照混凝土结构施工图平面整体表示方法制图规则和构造详图〔独立基础、条形基础、筏形基础、桩基础〕22G101-3 第64页）。

010208 基础后浇带钢筋构造

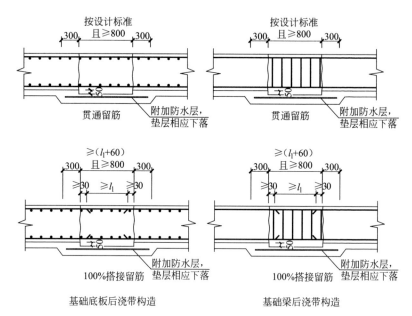

基础底板后浇带构造   基础梁后浇带构造

基础后浇带钢筋构造示意图

工艺说明

① 基础后浇带两侧可采用钢筋支架单层钢丝网或单层钢板网隔断，或直接采用快易收口网隔断。后浇带混凝土浇筑前，应将其表面浮浆剔除。

② 后浇带钢筋宜采用贯通留筋，具体工程中，后浇带钢筋构造详见设计图纸，并综合基础内其他构件位置（如集水坑等）合理考虑后浇带留置位置。

010209 墙体插筋

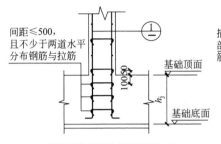

墙体插筋在基础中锚固构造（一）

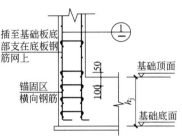

墙体插筋在基础中锚固构造（二）

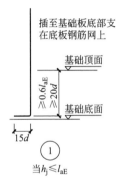

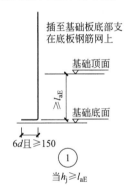

墙体插筋构造示意图

工艺说明

① 锚固构造一：墙体插筋锚固区最小保护层厚度＞5d，基础厚度满足直锚时墙体插筋可"隔二下一"，否则下插至筏板底部后弯折。

② 锚固构造二：墙体插筋锚固区最小保护层厚度≤5d时，需下插至筏板底部后弯折，并增加锚固区横向钢筋锚固长度以避免外围混凝土纵向劈裂而削弱锚固作用。

③ 锚固区横向钢筋设置要求：直径≥d/4（d为插筋最大直径），间距≤10d（d为插筋最小直径）且≤100mm。

010210 剪力墙竖向钢筋顶部构造

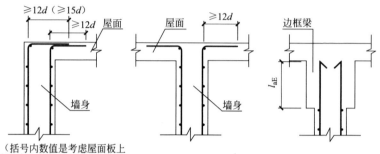

（括号内数值是考虑屋面板上
部钢筋与剪力墙侧竖向钢筋
搭接传力时的取值）

剪力墙竖向钢筋顶部构造示意图

剪力墙竖向钢筋顶部构造现场图

工艺说明

①墙体作为现浇板的支座，其竖向钢筋伸入板内并非常规锚固概念范畴，因此伸至板顶弯折 $12d$ 即可。

②外墙外侧竖向钢筋与现浇板顶受力钢筋按搭接连接时，该外侧竖向钢筋伸入板顶后弯折，弯折长度为搭接长度（参照混凝土结构施工图平面整体表示方法制图规则和构造详图〔现浇混凝土框架、剪力墙、梁、板〕22G101-1 图集第78、107页）。当为板带时，柱上板带宽度范围内该竖向钢筋伸入板内总长度为抗震搭接长度 l_{aE}，跨中板带宽度范围内该竖向钢筋伸入板内总长度同普通现浇板（参照混凝土结构施工图平面整体表示方法制图规则和构造详图〔现浇混凝土框架、剪力墙、梁、板〕22G101-1 第113页）。

010211 剪力墙变截面竖向钢筋构造

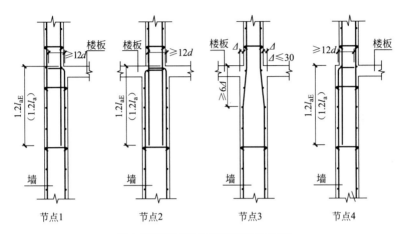

剪力墙变截面竖向钢筋构造示意图

工艺说明

　① 节点3内墙中，$\Delta \leqslant 30$mm 时，剪力墙竖向钢筋可采用1∶6顺势弯折的形式连续通过现浇板，伸至上层连接。

　② 节点2内墙中，$\Delta > 30$mm 时，采用"下筋弯锚、上筋下插"的方式施工。

　③ 节点1、4内墙中，墙体一侧无水平支撑且上下层截面尺寸不同时，其竖向筋均采用"下筋弯锚、上筋下插"的方式施工。

　④ 本节图示内容适用于剪力墙边缘构件。

010212 剪力墙端部水平钢筋构造

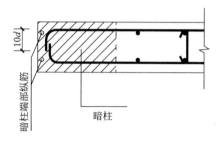

剪力墙端部水平钢筋构造示意图

剪力墙端部水平钢筋构造现场图

工艺说明

端部为一字形或 L 形暗柱时，水平钢筋应伸至端部紧贴暗柱角筋内侧弯折 $10d$。

翼墙端部水平钢筋构造

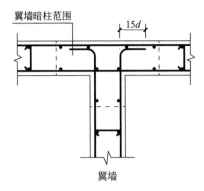

翼墙端部水平钢筋构造示意图

翼墙端部水平钢筋构造现场图

工艺说明

① 垂直于翼墙的墙体水平钢筋应伸至对边钢筋内侧后弯折 $15d$。

② 翼墙节点，示意图中横向剪力墙内侧不平齐时，满足图示要求时该侧水平钢筋可采用 1：6 顺势弯折的形式连续通过。否则采用一侧水平钢筋伸至对侧弯折 $15d$、另一侧直锚 $1.2l_{aE}$ 的形式。

010214 斜交墙端部水平钢筋构造

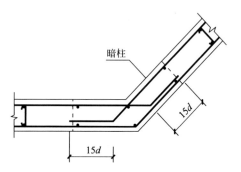

斜交转角墙端部水平钢筋构造示意图

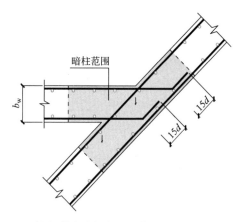

斜交翼墙端部水平钢筋构造示意图

工艺说明

①斜交转角墙内侧水平钢筋伸至外侧钢筋内侧弯折 15d，外侧水平钢筋在转角处连续通过。

②斜交翼墙端部水平钢筋应伸至对侧钢筋内侧弯折 15d，其余墙体水平钢筋连续通过。

010215 转角墙端部水平钢筋构造

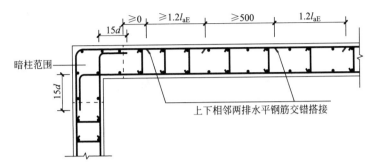

转角墙端部水平钢筋构造示意图

转角墙端部水平钢筋现场图

工艺说明

　　① 转角墙内侧水平钢筋伸至对侧墙内侧弯折长度为 $15d$。

　　② 转角墙外侧水平钢筋可在转角处连续通过，并在墙体配筋量较小一侧错开搭接；亦可在转角处分别弯折 $0.8l_{aE}$，即：同一连接区段范围内接头面积百分率为 100% 时搭接长度为 $1.6l_{aE}$。

010216 有端柱时剪力墙水平钢筋构造

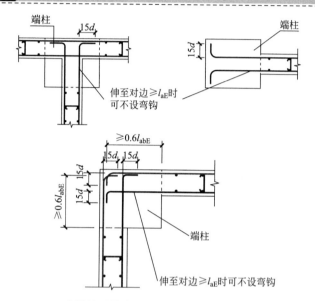

有端柱时剪力墙水平钢筋构造示意图

有端柱时剪力墙水平钢筋现场图

工艺说明

　　剪力墙一侧与端柱一侧平齐时，该侧墙体水平钢筋伸入端柱 $\geqslant 0.6l_{abE}$ 且伸至对边紧贴角筋弯折 $15d$；其余水平钢筋满足直锚条件则可直锚。

约束边缘构件

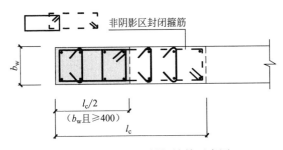

非阴影区外圈设置封闭箍筋示意图

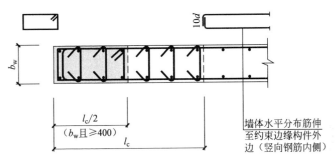

非阴影区外圈封闭箍筋由墙体水平分布筋替代示意图

工艺说明

① 约束边缘构件中非阴影区箍筋分为满布拉筋与单独设置封闭箍筋两种做法，具体依照设计要求而定。

② 一、二、三级抗震等级剪力墙墙肢计算轴压比超限时，采用设置约束边缘构件并限制其纵筋与箍筋最低配置数量的方式，对墙肢底部的抗震延性、塑性耗能能力、抗弯能力进行必要的加强。

010218 框架柱在基础内插筋

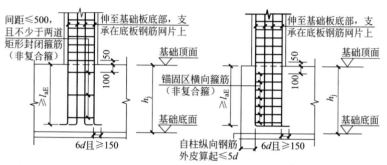

保护层厚度>5d；基础高度满足直锚　　　　保护层厚度≤5d；基础高度满足直锚

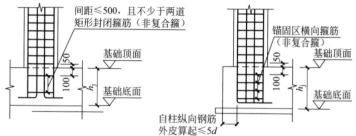

保护层厚度>5d；基础高度不满足直锚　　　保护层厚度≤5d；基础高度不满足直锚

框架柱在基础内插筋构造示意图

工艺说明

① 基础厚度 h_j 小于柱纵筋锚固长度 l_{aE} 时，纵筋需下插至基础底弯折 $15d$（直线段长度$\geq 0.6l_{abE}$ 且$\geq 20d$）。

② 基础厚度 h_j 不小于柱纵筋锚固长度 l_{aE} 时，纵筋需下插至基础底弯折 $6d$ 且$\geq 150mm$。

③ 柱纵筋锚固区最小保护层厚度$\leq 5d$ 时，需增设锚固区非复合横向箍筋（直径、间距要求同剪力墙锚固区水平钢筋）。

010219 屋面框架梁端支座纵筋构造

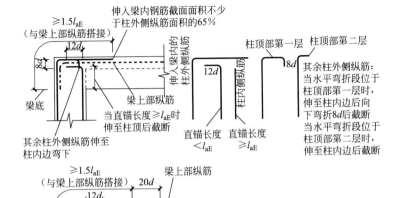

屋面框架梁端支座纵筋构造示意图

屋面框架梁端支座纵筋构造现场图

工艺说明

①屋面框架梁端节点中，与框架柱的连接不同于楼层框架梁，其节点外侧钢筋不属于锚固受力范畴，而属于搭接传力。

②常见做法有"柱包梁"与"梁包柱"两种，其中"柱包梁"施工方便，但易造成节点顶部钢筋拥挤，不利于混凝土浇筑，进而影响混凝土对钢筋的握裹力。

010220 框架柱中柱主筋收头

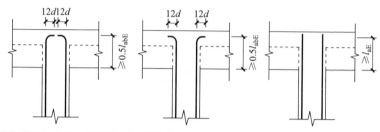

当直锚长度<l_{aE}时，柱纵筋伸至柱顶向节点内弯折

当直锚长度<l_{aE}，且顶层为现浇混凝土板，板厚≥100mm时，柱纵筋伸至柱顶向节点内弯折

当直锚长度≥l_{aE}时，柱纵筋伸至柱顶直锚

框架柱中柱主筋收头做法示意图

框架柱中柱主筋收头现场图

工艺说明

①施工时及对内结算时应注意：顶层（屋面）框架梁底标高不同时，柱纵筋锚固长度起算点统一为标高较高的梁底。

②无论何种做法，柱纵筋均应伸至柱顶。

③框架柱中柱顶为无梁楼盖时，其锚固起算点为柱帽底，无论是否满足直锚条件，均须伸至板顶后弯折12d。

010221 框架柱变截面处钢筋构造

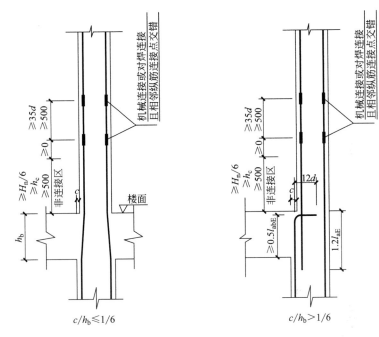

框架柱变截面处钢筋构造示意图

工艺说明

① $c/h_b \leqslant 1/6$ 时，柱纵筋在梁底正弯后，在梁顶下 50mm 处反弯伸入上部施工层。

② $c/h_b > 1/6$ 时，下柱弯锚，上柱下插 $1.2l_{aE}$。

③ 柱一侧有梁且变截面时，该侧柱纵筋伸至柱顶且竖向投影 $\geqslant 0.5l_{abE}$ 后弯折 $12d$。

④ 柱一侧无梁且变截面时，该侧柱纵筋伸至柱顶后弯折伸入上柱边内 l_{aE}。

010222 框架柱钢筋变径、变数量构造

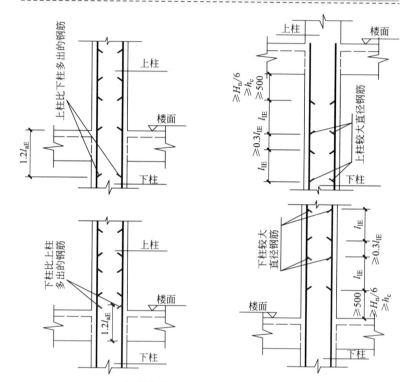

框架柱钢筋变径、变数量构造示意图

工艺说明

① 任何类型钢筋接头的传力性能（强度、变形、恢复力、破坏状态等）均不及直接传力的整根钢筋，任何形式的钢筋连接均会削弱其传力性能。

② 施工时，当柱纵筋根数变化导致上下层柱箍筋肢距变化较大或上下层柱纵筋直径相差较大无法使用变径套筒连接时，往往采用下柱纵筋伸至梁顶弯折、上柱纵筋下插 $1.2l_{aE}$ 的方式。该做法相当于将上下层柱纵筋在梁柱节点内连接，会对节点内钢筋传力产生不利影响。

010223 框支梁构造

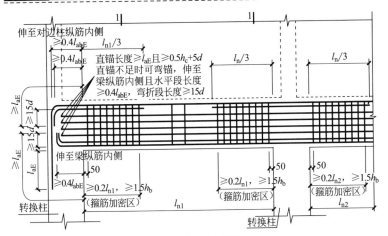

伸至对边柱纵筋内侧
≥0.4l_{abE}
直锚长度≥l_{aE}且≥0.5h_c+5d
直锚不足时可弯锚,伸至梁纵筋内侧且水平段长度≥0.4l_{abE},弯折段长度15d
l_{n1}/3
l_n/3
l_n/3
伸至梁纵筋内侧
50
50
50
≥0.4l_{abE}
≥0.2l_{n1},≥1.5h_b
≥0.2l_{n1},≥1.5h_b
≥0.2l_{n2},≥1.5h_b
(箍筋加密区)
(箍筋加密区)
(箍筋加密区)
转换柱
l_{n1}
转换柱
l_{n2}
≥l_{aE}
15d
≥l_{aE}
15d

框支梁构造示意图

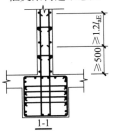

≥500
≥1.2l_{aE}

1-1

框支梁构造节点详图

工艺说明

①框支梁、托柱转换梁、转换柱作为转换构件,对上下层结构起到衔接转换作用,满足了对建筑内超大空间的使用需求。但在水平荷载作用下,上下结构的侧向刚度对构件的内力影响较大,导致转换构件内力突变使其过早破坏的风险也随之增大,规范中对转换构件的配筋构造措施更为严格。

②施工时应加强对转换构件钢筋的质量控制,如:框支梁箍筋加密范围、纵筋在端支座内的锚固长度、转换柱纵筋"能通则通"的原则等。

010224 梁中间支座下部钢筋构造

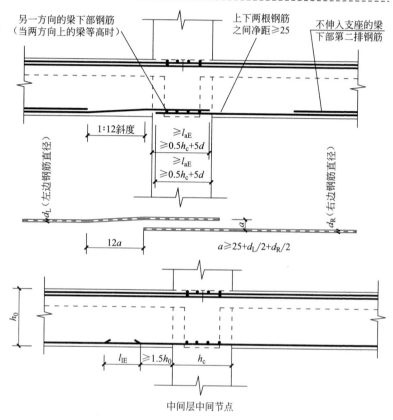

梁中间支座下部钢筋构造示意图

工艺说明

① 梁下部钢筋在中间支座的构造原则：尽量避免直锚或弯锚，应遵循钢筋"能通则通"的原则，尽量保证连续通过。

② 为确保节点核心区混凝土浇筑质量，可采用在支座外连接的方式。接头距支座1.5倍梁高以外且1/3净跨范围以内连接，以确保接头位置避开梁端塑性铰区、箍筋加密区及下部跨中受拉较大区域。

010225 框架中间层端节点构造

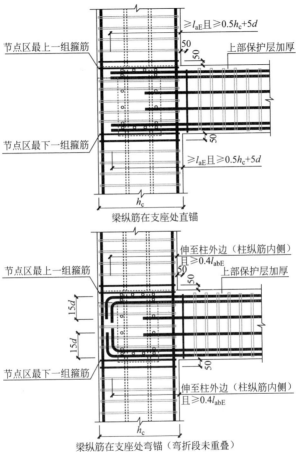

节点区最上一组箍筋

节点区最下一组箍筋

$\geq l_{aE}$且$\geq 0.5h_c+5d$

50

上部保护层加厚

50

$\geq l_{aE}$且$\geq 0.5h_c+5d$

h_c

梁纵筋在支座处直锚

节点区最上一组箍筋

节点区最下一组箍筋

伸至柱外边（柱纵筋内侧）
且$\geq 0.4l_{abE}$

50

上部保护层加厚

15d

15d

50

伸至柱外边（柱纵筋内侧）
且$\geq 0.4l_{abE}$

h_c

梁纵筋在支座处弯锚（弯折段未重叠）
框架中间层端节点构造示意图

◆工艺说明

①当梁内钢筋伸入端柱内长度$\geq l_{aE}$且$\geq 0.5h_c+5d$，梁内钢筋可以采用直锚形式。

②采用弯锚形式时，直段长度应满足$\geq 0.4l_{abE}$，若无法满足，应与设计进行协商。

010226 框架中间层中间节点构造（一）

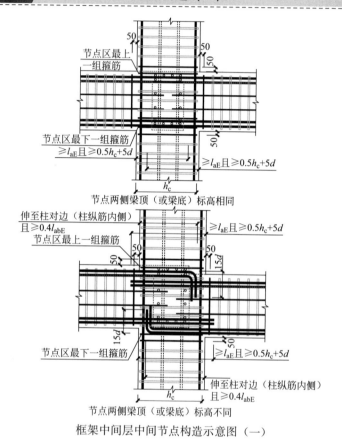

框架中间层中间节点构造示意图（一）

工艺说明

① 当框架梁两侧高度相同时，梁内钢筋伸入支座长度满足 $\geqslant l_{aE}$ 且 $\geqslant 0.5h_c+5d$ 时，梁内钢筋可以采用直锚形式。

② 当框架梁两侧标高不同时，上梁的下部钢筋和下梁的上部钢筋可以按 $\geqslant l_{aE}$ 且 $\geqslant 0.5h_c+5d$ 长度直锚；上梁的上部钢筋和下梁的下部钢筋要伸至柱外边（柱纵筋内侧）且长度 $\geqslant 0.4l_{aE}$，弯锚长度 $15d$。

010227 框架中间层中间节点构造（二）

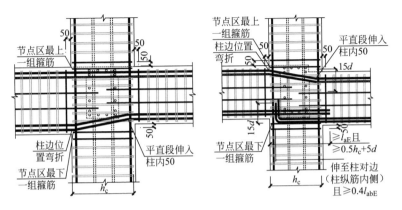

框架中间层中间节点构造示意图（二）

工艺说明

①直线锚固：锚固长度$\geqslant l_{aE}$且超过支座中线$5d$。施工时应注意：直线锚固时，上部钢筋锚固长度自上层柱边缘算起；下部钢筋锚固长度自下层柱边缘算起。

②弯折锚固：伸入支座外侧纵筋内侧$\geqslant 0.4 l_{abE}$后$90°$弯折$15d$。施工时应注意：弯折锚固力由平直段的粘结锚固与弯折段的挤压锚固组成。

③框架梁端支座弯锚时，必须保证锚固区钢筋平直段长度$\geqslant 0.4 l_{abE}$、弯折段$\geqslant 15d$，方可保证其锚固强度与抗滑移刚度满足要求，避免梁端产生贯通裂缝。

④根据实验表明，弯折段长度超过$15d$后，再增加的弯折段长度对钢筋的锚固基本没有作用。故当梁纵筋在锚固区内平直段长度无法满足$\geqslant 0.4 l_{abE}$要求时，应请设计方明确解决方案（调整支座宽度或采用细钢筋替换等），不应自行采用加大弯折段长度，使锚固钢筋总长度不小于l_{aE}的错误做法。

010228 框架中间层端节点梁加腋构造

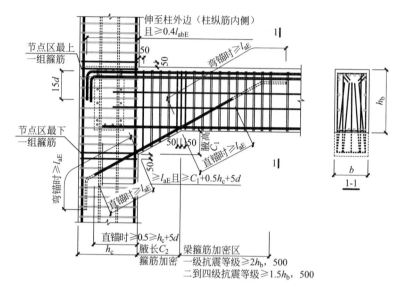

框架中间层端节点梁加腋构造示意图

工艺说明

① 柱纵筋进入节点位置从梁腋底部计算，梁腋下部斜纵筋伸入框架柱内总长度不应小于 l_{aE}。

② 箍筋加密区范围：一级抗震等级，不小于 $2h_b$ 及 500mm 较大值；二到四级抗震等级，不小于 $1.5h_b$ 及 500mm 较大值。

③ 腋长范围内箍筋需加密设置。

④ 梁腋下部斜纵筋根数不大于 $n-1$（n 为伸入支座的梁下部纵筋根数），且不少于 2 根，并对称插空放置，具体设置应以设计要求为准。

010229 框架中间层中间节点梁加腋构造

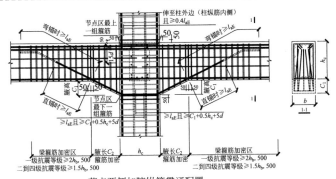

节点两侧加腋纵筋贯通配置

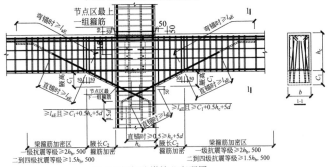

节点两侧加腋纵筋分离配置

框架中间层中间节点梁加腋构造示意图

工艺说明

① 施工前应提请设计方明确：梁水平加腋附加斜筋布置间距或根数；梁竖向加腋构造是否参与框架梁结构计算（以此确定下部纵筋锚固起算点）。

② 顶层框架柱遇梁竖向加腋时，其纵筋进入节点区位置自梁腋底起算。

③ 箍筋加密区范围：一级抗震等级，不小于 $2h_b$ 及 500mm 较大值；二到四级抗震等级，不小于 $1.5h_b$ 及 500mm 较大值。

④ 腋长范围内箍筋需加密设置。

010230 悬挑梁钢筋构造

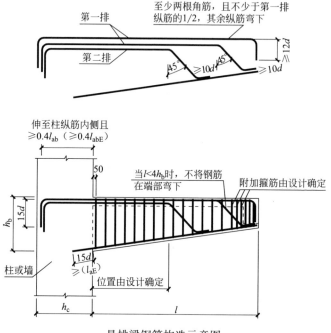

悬挑梁钢筋构造示意图

工艺说明

①悬挑梁上部纵筋伸至外端的钢筋根数：至少两根角筋，且不少于第一排纵筋的1/2，其余纵筋伸入梁跨内3/4跨长后弯下（上部设置两排纵筋时，首先弯折第二排）。

②悬挑梁外端如设次梁，需在次梁边、悬挑梁内附加箍筋。

③现场施工时应注意：梁的悬臂段属于静定结构，无多余约束，只要有一个约束失效，整个结构便破坏。施工时应严格控制上部纵筋保护层厚度及模架体系的拆除时间。

010231 板加腋钢筋构造

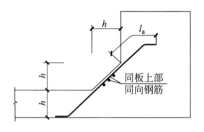

同板上部
同向钢筋

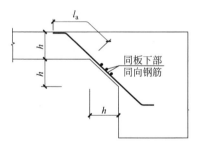

同板下部
同向钢筋

板加腋钢筋构造示意图

工艺说明

① 设计有说明时，按设计要求进行。

② 加腋钢筋同板钢筋，锚固总长度取 l_a。

010232 升降板钢筋构造（一）

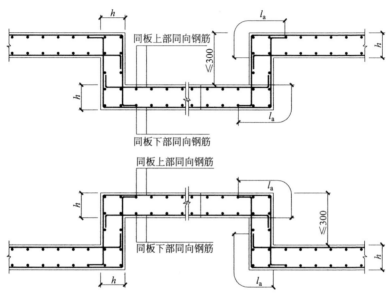

升降板钢筋构造示意图（一）

工艺说明

　①局部升降板升高与降低的高度限定为≤300mm，当高度大于300mm时，设计应补充配筋构造图。

　②局部升降板的下部与上部配筋宜为双向贯通钢筋。

010233 升降板钢筋构造（二）

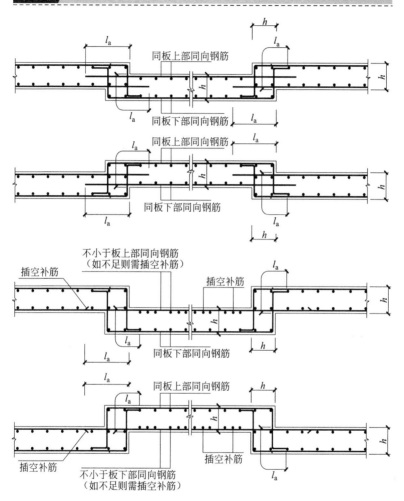

升降板钢筋构造示意图（二）

工艺说明

① 适用于局部升降板升高或降低的高度小于板厚的情况。

② 局部升降板的下部与上部配筋宜为双向贯通钢筋。

010234 悬挑板配筋构造

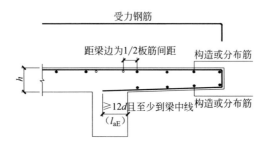

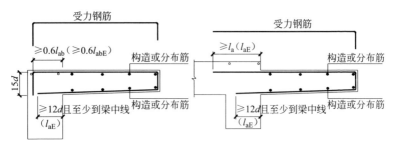

悬挑板配筋构造示意图

工艺说明

① 悬挑板下部钢筋配置由设计确定。

② 括号内数值用于需考虑竖向地震作用时（由设计明确）。

③ 在钢筋绑扎、混凝土浇筑过程中，严禁踩踏上部钢筋，确保其位置准确。

010235 阳角放射筋构造

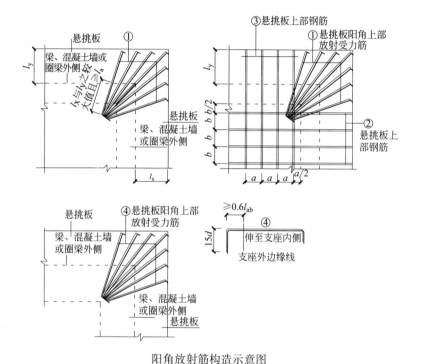

阳角放射筋构造示意图

工艺说明

① 悬挑板内，①～③筋应位于同一层面。

② 在支座和跨内，①号筋应向下斜弯到②号与③号筋下面与两筋交叉并向跨内平伸。

③ 放射筋一般设置在悬挑板转角、外墙阳角、大跨度板的角部等容易应力集中、造成混凝土开裂的部位。

010236 / 板翻边钢筋构造

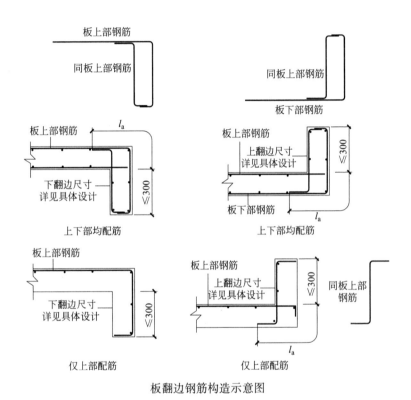

板翻边钢筋构造示意图

工艺说明

① 上下翻边尺寸详见具体设计。

② 板下部配筋要求由设计确定。

010237 楼梯滑动支座节点构造

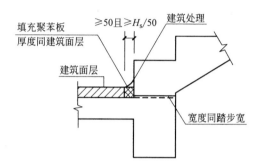

楼梯滑动支座节点构造示意图

工艺说明

① 楼梯滑动支座一般分为 3 种做法：

设 5mm 厚聚四氟乙烯垫板（用胶粘于混凝土面）；

设两层 ≥0.5mm 厚塑料片；

预埋双层 6mm 厚钢板（钢板之间满铺 0.1mm 厚石墨粉）。

② 平台板建筑面层施工时，与第一阶踏步之间填充聚苯板（厚度同建筑面层做法）。

010238 折板楼梯钢筋锚固

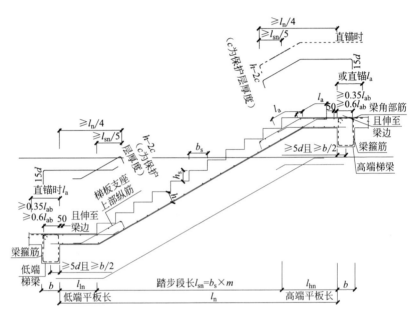

折板楼梯钢筋锚固示意图

工艺说明

① 踏步端部或中部为折板形式的楼梯，按照普通折板的钢筋形式进行弯折与锚固：折角外侧钢筋连续通过、内侧钢筋需伸至对边后弯折。

② 有条件时上部纵筋宜直接伸入平台板内锚固或与平台钢筋合并，从支座内边算起总锚固长度不小于 l_a，如上图虚线所示。

010239 墙体洞口钢筋

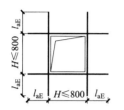

矩形洞宽和洞高不大于800时

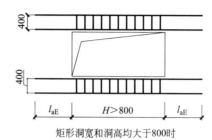

矩形洞宽和洞高均大于800时

墙体分布钢筋延伸至洞口变弯折

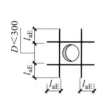

圆形洞口直径不大于300时　　圆形洞口直径大于300
　　　　　　　　　　　　　且小于等于800时

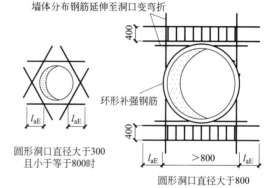

环形补强钢筋

圆形洞口直径大于800

墙体洞口钢筋构造示意图

工艺说明

① 当设计注写补强钢筋时，按注写值补强。

② 当设计未注明时，所配钢筋直径不小于12mm且截面面积不小于同向被切断纵筋总面积的50%。

③ 洞口上下补强暗梁配筋按设计标注。

010240 板上洞口钢筋

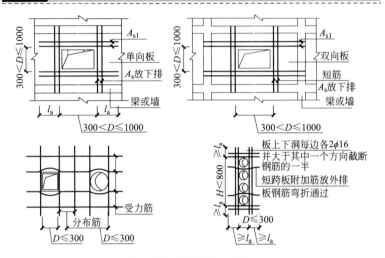

板上洞口钢筋构造示意图

板上洞口钢筋现场图

工艺说明

① 洞口尺寸≤300mm 时，钢筋绕过洞口，洞口尺寸＞300mm 时，洞口设附加筋。

② 无设计标注时，补强钢筋伸入支座的锚固方式同板中钢筋。

010241 框架柱端部箍筋加密

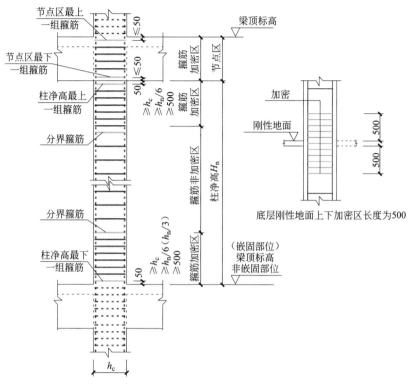

框架柱端部箍筋加密示意图

工艺说明

① 在不同配置要求的箍筋区域分界处设置一道分界箍筋，分界箍筋应按相邻区域配置。

② 节点区内部柱箍筋间距依据设计要求并综合考虑节点区梁纵筋排布布置。

③ 刚性地面系指无框架梁的建筑地面，如石材地面、沥青混凝土地面及有一定基层厚度的地砖地面等，结构施工前应结合建筑专业图纸确认是否存在此类施工做法。

010242 框架梁端部箍筋加密

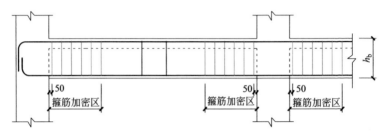

框架梁端部箍筋加密示意图

框架梁端部箍筋加密现场图

工艺说明

① 加密区长度：抗震等级为一级时≥2.0h_b且≥500mm，抗震等级为二～四级时≥1.5h_b且≥500mm。

② 当框架梁一端支座为梁时，该梁端纵筋锚固按照非框架梁相关要求布置；该梁端箍筋可不设加密区。

③ 当框架梁一端支座为墙时，分为梁墙平行与梁墙相交两种情况：梁墙平行时，该梁端纵筋锚固应按照连梁相关要求布置；梁墙相交时，该梁端纵筋锚固应按照非框架梁相关要求布置。当设计考虑楼面承担地震作用时，该梁端纵筋锚固应按照框架梁相关要求布置。此外，该梁端上部一般会布置负弯矩筋，同时在梁端墙内加设扶壁柱或暗柱以抵抗墙体平面外弯矩作用。

010243 主次梁处箍筋加密

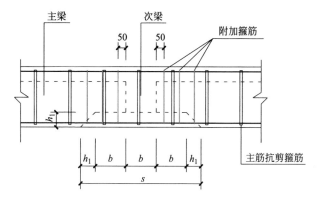

主次梁处箍筋加密示意图

主次梁处箍筋加密现场图

工艺说明

① 附加箍筋配筋应由设计标注。

② 第一个箍筋距梁内的次梁边缘为 50mm，附加箍筋布置在 s 长度范围内：$s=2h_1+3b$。

③ 附加箍筋具有增强局部抗剪能力及裂缝防治两方面作用，属于"附加横向钢筋"，该范围内主梁箍筋应正常布置。

④ 图纸未注明时，井字梁相交处每道梁两侧均附加 3 道箍筋，其间距为 50mm。

010244 连梁箍筋加密

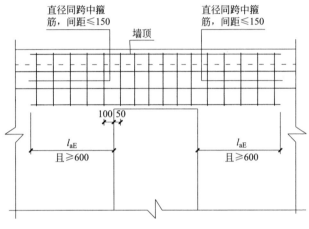

连梁箍筋加密示意图

工艺说明

①顶层连梁纵筋伸入墙肢长度范围内应设置箍筋，直径同跨中箍筋，间距≤150mm。

②当连梁跨高比不小于5时，需按照框架梁进行设计，此时连梁为框架连梁。其纵筋锚固长度、箍筋加密等须同时满足连梁与框架梁的构造要求；侧面钢筋为受扭钢筋，构造要求同普通连梁。

010245 人防门下口加强梁箍筋构造

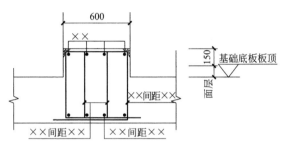

人防门下口加强梁箍筋构造示意图

工艺说明

① 人防门下口加强梁箍筋加工需考虑筏板保护层、周边钢筋交叉关系及梁顶预埋件等，保证梁顶标高正确。

② 当基础筏板厚度较大时，人防门下口加强梁箍筋伸入基础内的长度及弯折后的长度根据设计要求。

010246 人防门框加强梁钢筋构造

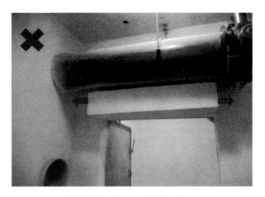

人防门框加强梁钢筋现场图

工艺说明

　　人防门框加强梁钢筋需伸入人防门两侧支座（墙或柱）内锚固。

010247 人防门框墙吊钩设置构造

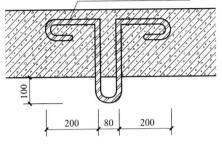

人防门框墙吊钩设置构造示意图

人防门框墙吊钩现场图

工艺说明

① 人防门框墙吊钩预埋在人防顶板内,与顶板上层钢筋绑扎或焊接牢固,距门上梁一般为500mm。

② 一般情况下,吊钩采用直径为20mm的HPB300级钢筋或圆钢(Q235B级),弯弧直径为120mm,高度为120mm。

010248 临空墙钢筋构造

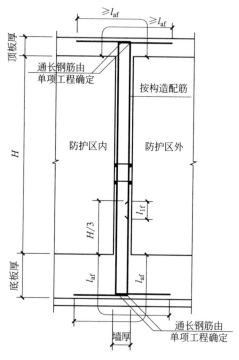

临空墙钢筋构造示意图

工艺说明

　　① 临空墙内配筋应尽可能采用整根钢筋，若遇工程实际情况必须断开时，宜在距离底板面 $H/3$ 高度处连接，当钢筋直径大于 20mm 时，优先采用机械连接。

　　② 临空墙竖向钢筋在墙顶及基础插筋内的锚固应保证总长度 $\geq l_{af}$。

第三节 ● 钢筋绑扎

010301 墙板钢筋绑扣

 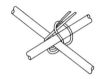

墙板钢筋绑扣示意图

墙板钢筋绑扣现场图

工艺说明

① 双向受力钢筋绑扎时应将钢筋交叉点全部绑扎，确保钢筋不产生位移，不得漏绑。

② 直径＜12mm 的钢筋采用 22 号火烧丝进行绑扎，直径≥12mm 的钢筋采用 20 号火烧丝进行绑扎，为防止钢筋跑位，丝扣不能一字顺扣，要间隔采用正反八字扣。

010302 主筋与箍筋交叉处绑扣

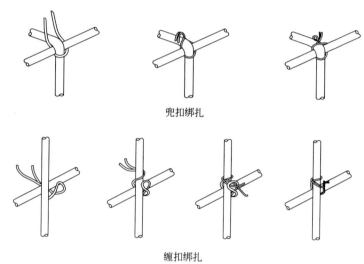

兜扣绑扎

缠扣绑扎

兜扣及缠扣绑扎示意图

兜扣

缠扣

兜扣及缠扣绑扎现场图

工艺说明

① 对于主筋与箍筋拐角部位采用兜扣绑扎方式。

② 对于主筋与箍筋垂直部位采用缠扣绑扎方式。

010303 绑扣丝头朝向

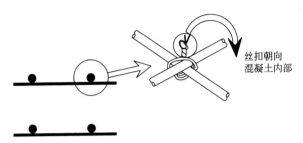

丝扣朝向
混凝土内部

绑扣丝头朝向示意图

钢筋绑扎现场图

工艺说明

① 墙体钢筋绑扎时，钢筋的弯钩应朝向混凝土内。

② 楼板钢筋绑扎完应将绑扎丝头向下弯入板内，即保证所有绑扎丝头最后一律朝向混凝土内部，不得外露。

010304 墙体钢筋放置顺序

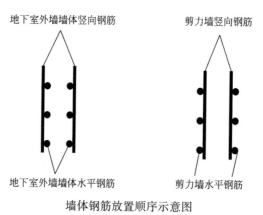

墙体钢筋放置顺序示意图

工艺说明

　　除设计特别注明以外，地下室外墙墙体竖向钢筋一般在外侧，水平钢筋在内侧，其他墙体水平钢筋在外侧，竖向钢筋在内侧。

010305 梁柱（墙）钢筋放置顺序

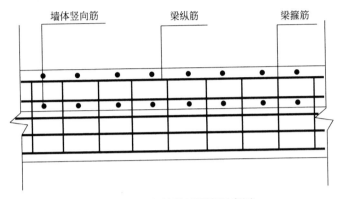

墙体竖向筋　　梁纵筋　　梁箍筋

梁柱（墙）钢筋放置顺序示意图

梁柱（墙）钢筋放置顺序现场图

工艺说明

当梁与柱或墙侧平时，梁该侧主筋置于柱或墙竖向纵筋之内。

010306 主次梁钢筋放置顺序

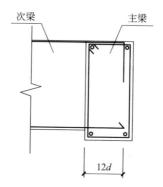

主次梁钢筋放置顺序示意图

主次梁钢筋放置现场图

工艺说明

　　框架结构中，次梁上下主筋置于主梁上下主筋之上，框架连梁的上下主筋置于框架主梁的上下主筋之上。

010307 底板（顶板）钢筋放置顺序

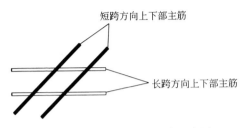

短跨方向上下部主筋

长跨方向上下部主筋

底板（顶板）钢筋放置顺序示意图

底板（顶板）钢筋放置顺序现场图

工艺说明

底板（顶板）两向钢筋交叉时，短跨方向上部主筋宜放置于长跨方向主筋之上，短跨方向下部主筋宜放置于长跨方向下部主筋之下。

010308 墙体起步筋位置

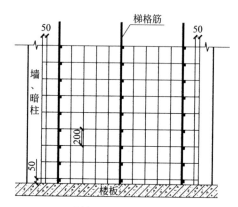

墙体竖向起步筋位置

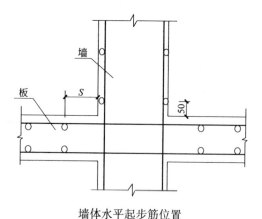

墙体水平起步筋位置

墙体竖向起步筋现场图

墙体水平起步筋现场图

工艺说明

　　① 楼板的纵横钢筋距墙边（梁边）$S/2$，S为设计间距。

　　② 梁柱接头处的箍筋距柱边 50mm；次梁箍筋距主梁边 50mm。

　　③ 墙体水平起步筋距楼地面 50mm。

　　④ 墙体竖向起步筋距暗柱外侧角筋 S，S为设计间距。

010309 多层钢筋间距控制

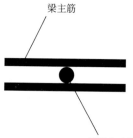

梁主筋

钢筋头（$d \geqslant$梁纵筋最大直径且$\geqslant 25$）

多层钢筋间距控制示意图

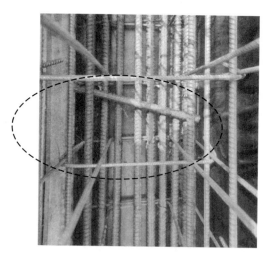

多层钢筋间距控制现场图

工艺说明

① 梁侧面及底面应加垫块控制钢筋保护层。

② 梁如有双排或多排纵筋，可加一粗钢筋头（$d \geqslant$梁纵筋最大直径且$\geqslant 25$mm）用以控制各排纵筋之间的距离。

010310 型钢柱箍筋排布

型钢柱箍筋排布现场图

工艺说明

① 箍筋加工应采取有效措施，便于穿过腹板。

② 箍筋绑扎穿过腹板，应预先设计箍筋位置并保证保护层厚度满足要求。

010311 梁主筋穿型钢柱

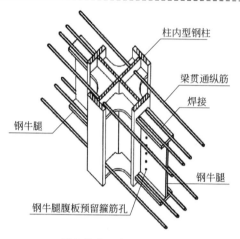

柱内型钢柱

梁贯通纵筋

焊接

钢牛腿

钢牛腿

钢牛腿腹板预留箍筋孔

梁主筋穿型钢柱示意图

梁主筋穿型钢柱现场图

工艺说明

① 梁内应有不少于1/2截面面积的主筋穿过型钢柱连续配置。

② 钢牛腿的长度应满足梁内纵筋强度充分发挥的焊接长度要求。

③ 梁主筋穿过劲性柱型钢翼缘时，主筋位置应提前深化并在型钢上加焊钢板。

010312 纵筋搭接构造做法

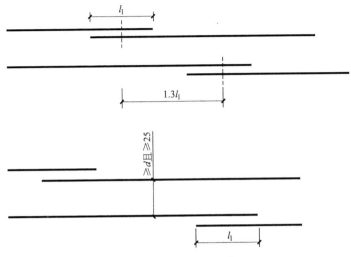

纵筋搭接构造做法示意图

工艺说明

① 同一构件中相邻纵筋的绑扎搭接接头宜相互错开。

② 绑扎搭接接头中钢筋的横向净距不应小于钢筋直径，且不应小于25mm。

③ 搭接接头连接区段的长度为 $1.3l_1$（l_1 为搭接长度）。

④ 同一连接区段内，纵筋搭接接头面积百分率应符合设计要求；当设计无具体要求时，应符合下列规定：

梁类、板类及墙类构件不宜超过25%；基础筏板不宜超过50%；

柱类构件不宜超过50%；

当工程中确有必要增大接头面积百分率时，对梁类构件，不应大于50%。

010313 搭接范围内三点绑扎

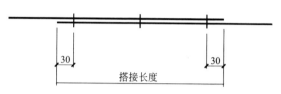

搭接范围内三点绑扎示意图

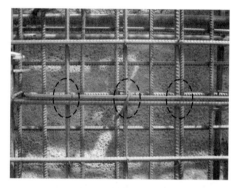

搭接范围内三点绑扎现场图

工艺说明

① 每根钢筋在搭接范围内必须采用三点绑扎。

② 用双丝绑扎搭接钢筋两端头，中间绑扎一道。

010314 剪力墙水平钢筋接头错开

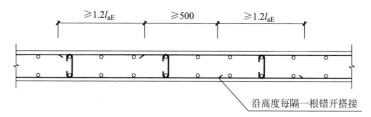

剪力墙水平钢筋接头错开示意图

剪力墙水平钢筋接头现场图

◆ **工艺说明**

   剪力墙水平钢筋搭接接头错开间距应≥500mm。

010315 剪力墙竖向钢筋接头错开

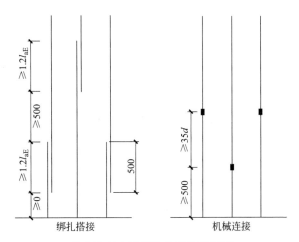

剪力墙竖向钢筋接头错开示意图

剪力墙竖向钢筋接头现场图

工艺说明

①一、二级抗震等级，剪力墙的底部加强部位同排内相邻两根竖向钢筋接头宜相互错开，不同排相邻两根竖向钢筋接头也应相互错开。除上述抗震等级对应的部位，竖向分布钢筋可在同一部位搭接。

②搭接接头错开500mm，机械连接接头错开35d。

010316 纵筋搭接范围内箍筋加密

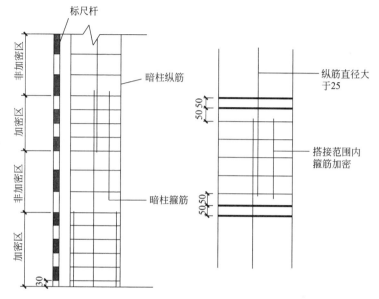

纵筋搭接范围内箍筋加密示意图

工艺说明

① 梁柱类构件的纵筋搭接长度范围内箍筋的设置应符合设计要求。

② 当设计无具体要求时，应符合下列规定：

箍筋直径不应小于较大搭接钢筋直径的 1/4 且不小于构件所配箍筋直径；

受拉搭接区段的箍筋间距不应大于较小搭接钢筋直径的 5 倍且不应大于 100mm；

受压搭接区段的箍筋间距不应大于较小搭接钢筋直径的 10 倍且不应大于 200mm；

当柱中纵筋直径大于 25mm 时，应在搭接接头两个端面外 100mm 范围内各设置两道箍筋，其间距宜为 50mm。

010317 箍筋安装

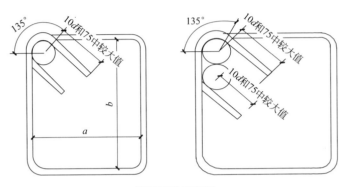

箍筋安装示意图

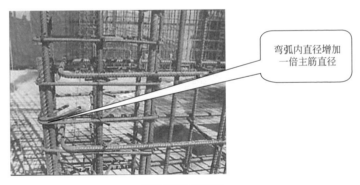

弯弧内直径增加一倍主筋直径

箍筋安装现场图

工艺说明

① 主筋必须与箍筋弯折处接触紧密。

② 搭接部位应制作双主筋箍筋，箍筋弯钩应将两根主筋全部钩住。

010318 梁柱箍筋绑扎

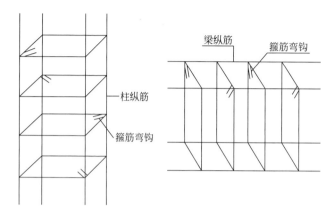

梁柱箍筋绑扎示意图

梁柱箍筋绑扎现场图

工艺说明

① 梁和柱的箍筋，除设计方有特殊要求外，应与受力钢筋垂直设置。

② 应沿受力钢筋方向错开设置箍筋弯钩叠合。

③ 施工中注意楼层梁与基础地梁箍筋弯钩朝向。

④ 梁柱箍筋起步高度50mm，剪力墙暗柱箍筋起步高度30mm，以免与墙体水平起步筋（50mm）冲突。

010319 梁柱节点核心区箍筋

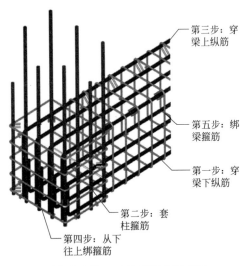

第三步：穿梁上纵筋

第五步：绑梁箍筋

第一步：穿梁下纵筋

第二步：套柱箍筋

第四步：从下往上绑箍筋

梁柱节点核心区箍筋绑扎示意图

梁柱节点核心区箍筋安装现场图

工艺说明

在梁柱节点处，柱箍筋应连续加密设置。

010320 拉钩安装

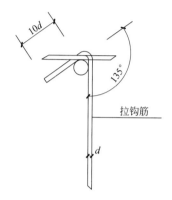

拉钩安装示意图

拉钩安装现场图

工艺说明

① 箍筋如设拉钩筋,则拉钩宜将箍筋钩住。

② 墙体如设置拉钩筋,则拉钩应将水平钢筋钩住,直线段长度5d,可一端为90°。

010321 剪力墙、连梁拉筋设置

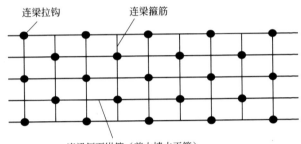

剪力墙、连梁拉筋设置示意图

剪力墙、连梁拉筋设置现场图

工艺说明

① 剪力墙拉筋应按矩形或梅花形间隔设置，具体参照设计要求。

② 连梁、暗梁拉筋由设计确定，如设计无要求：

当梁宽≤350mm 时，拉筋直径为 6mm；

当梁宽＞350mm 时，拉筋直径为 8mm；

拉筋间距为 2 倍箍筋间距，上下两排拉筋竖向错开设置。

010322 受力钢筋的混凝土最小保护层厚度

受力钢筋的混凝土最小保护层厚度表 (mm)

环境类别	板、墙	梁、柱
一	15	20
二 a	20	25
二 b	25	35
三 a	30	40
三 b	40	50

工艺说明

①表中混凝土保护层厚度指最外层钢筋外边缘至混凝土表面的距离，适用于设计使用年限为50年的混凝土结构。

②构件中受力钢筋的保护层厚度不应小于钢筋的公称直径。

③设计使用年限为100年的混凝土结构，一类环境中，最外层钢筋的保护层厚度不应小于表中数值的1.4倍；二、三类环境中，应采取专门的有效措施。

④混凝土强度等级不大于C25时，表中保护层厚度应增加5mm。

⑤基础底面钢筋的保护层厚度，有混凝土垫层时应从垫层顶面算起且不应小于40mm。

010323 墙体竖向梯格筋

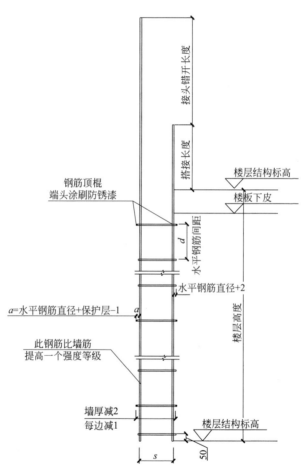

墙体竖向梯格筋设置示意图

墙体竖向梯格筋设置现场图

工艺说明

　①竖向梯格筋用于控制混凝土的断面尺寸、控制钢筋的保护层、控制钢筋的排距、控制水平钢筋间距。

　②竖向梯格筋可代替墙体竖向钢筋，但要比设计直径大一规格（例如 $\phi12 \rightarrow \phi14$）。竖向梯格筋起步筋距地 30～50mm。

010324 地下室外墙竖向梯格筋

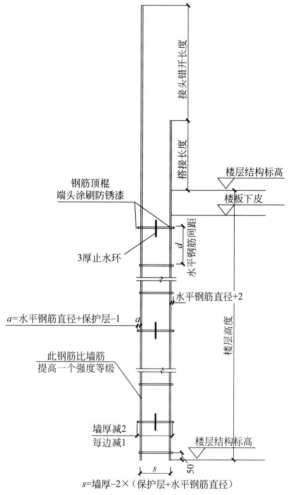

接头错开长度

搭接长度

楼层结构标高

楼板下皮

钢筋顶棍
端头涂刷防锈漆

水平钢筋间距

d

3厚止水环

水平钢筋直径+2

$a=$水平钢筋直径+保护层−1

楼层高度

此钢筋比墙筋
提高一个强度等级

墙厚减2
每边减1

楼层结构标高

50

s

$s=$墙厚−2×（保护层+水平钢筋直径）

地下室外墙竖向梯格筋示意图

■ 工艺说明

用于地下室外墙的竖向梯格筋，应在顶棍中间加焊 3mm
厚止水环，其他要求同普通梯格筋。

010325 顶模棍

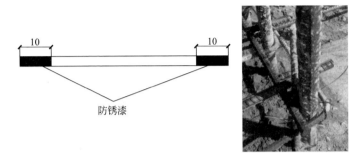

顶模棍防锈漆涂刷做法示意图

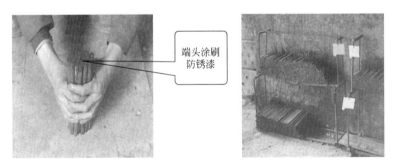

顶模棍防锈漆涂刷现场图

工艺说明

① 用作接触模板的顶模棍，端头要无飞边毛刺，最好采用无齿锯切割。

② 端头必须涂刷防锈漆，防锈漆应由端头往里刷10mm，长度为墙体厚度−2mm。

010326 墙体水平梯格筋

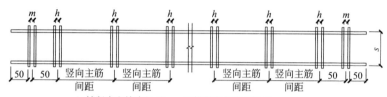

h=墙竖向主筋直径+2　m=暗柱竖向主筋直径+2
s=墙截面尺寸−2（墙水平梯格筋直径+竖向主筋直径+保护层）

墙体水平梯格筋构造示意图

墙顶水平梯格筋

墙体水平梯格筋安装现场图

工艺说明

　　墙体水平梯格筋，固定于墙体上口 300～500mm 处，用于控制墙体立筋间距及位置，可周转使用。

010327 暗柱定位支架

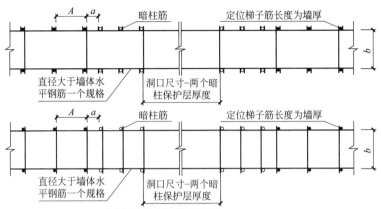

$a=50$，控制起步竖向钢筋距暗柱50；
$b=$墙厚−2个保护层厚度−2个水平钢筋直径−2个竖向钢筋直径；
$A=$墙体竖向钢筋间距

暗柱定位支架构造示意图

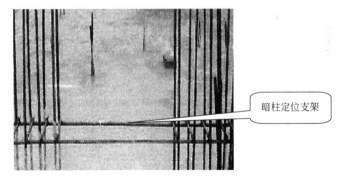

暗柱定位支架安装现场图

工艺说明

① 为保证门窗洞口两侧暗柱主筋不位移，制作暗柱定位支架予以控制。

② 定位支架置于模板上口，可周转使用。

010328 双 F 卡

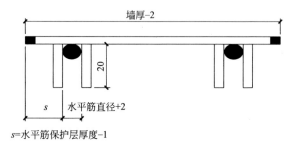

双 F 卡示意图

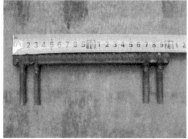

双 F 卡安装现场图

工艺说明

① 为控制墙体钢筋截面面积及钢筋保护层厚度，制作双 F 卡。

② 卡子两端用无齿锯切割，并刷防锈漆，防锈漆应由端头往里刷10mm。

③ 设双 F 卡处不设垫块。

010329 定位箍筋框

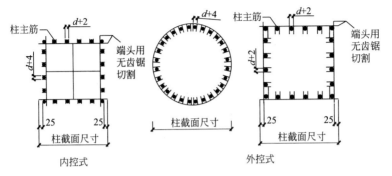

定位箍筋框加工示意图

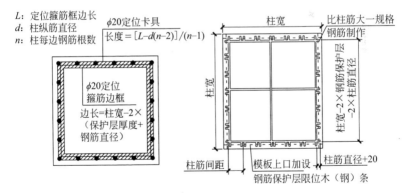

定位箍筋框安装示意图

定位箍筋框

定位箍筋框安装现场图

工艺说明

① 框架柱模板上口设置定位箍筋框，用于控制钢筋位移。

② 定位箍筋分内控式和外控式两种，置于柱顶的定位箍筋可周转使用。

010330 洞口模板定位钢筋

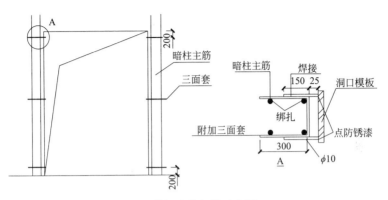

洞口模板定位钢筋示意图

洞口模板定位钢筋安装现场图

工艺说明

①门窗洞口支模时，设置固定门口模板的定位钢筋（端头用无齿锯切割，飞边磨平，且涂刷防锈漆）。

②定位筋焊接在附加的U形铁上，不得焊在受力筋上，U形铁应绑扎在主筋上。

010331 标准层顶板钢筋马凳

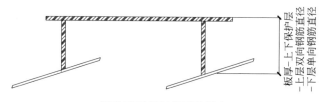

板厚-上下保护层
-上层双向钢筋直径
-下层单向钢筋直径

标准层顶板钢筋马凳做法

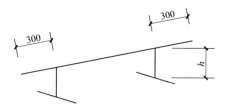

标准层顶板钢筋马凳构造示意图

标准层顶板钢筋马凳安装现场图

标准层顶板钢筋马凳成品图

◆ 工艺说明

　　根据板厚及板筋保护层厚度制作马凳，施工中重点控制马凳高度。

010332 基础底板钢筋马凳

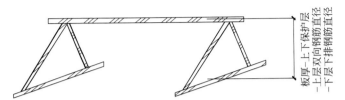

基础底板钢筋马凳做法示意图

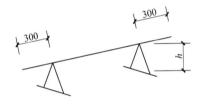

基础底板钢筋马凳构造示意图

基础底板钢筋马凳安装现场图

工艺说明

① 钢筋马凳支架的钢筋直径、间距应验算。

② 钢筋焊接质量应满足相关规范要求。

010333 间隔件制作与安装

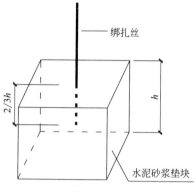

间隔件做法示意图

间隔件制作现场图

间隔件安装现场图

工艺说明

① 控制保护层的措施要合理有效，竖向、水平、悬挑结构，单层或双层钢筋，要依据其钢筋直径大小，合理安放垫块。

② 垫块生产工艺应采用专业化压制设备和标准模具，施工时可购买成品。

③ 施工现场禁止采用拌制砂浆切割成形等方法制作保护层垫块。

010334 止水钢板穿框架柱节点

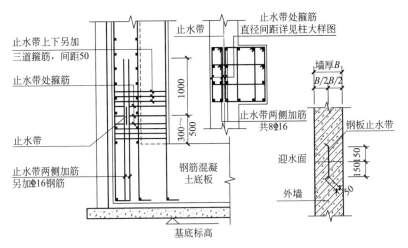

止水钢板穿框架柱节点示意图

止水钢板穿框架柱节点安装现场图

工艺说明

止水钢板穿过扶壁柱需切断局部柱箍筋时，可将箍筋分为内外两部分，并附加竖向短筋，或将箍筋弯折与止水钢板焊接。具体补强措施参照设计图纸。

第四节 • 钢筋连接

010401 纵筋接头位置

接头相互错开 35d

接头设置在箍筋加密区外，距楼（地）面不小于500

墙体纵筋接头位置现场图　　　　框架柱纵筋接头位置现场图

工艺说明

① 钢筋接头宜设置在受力较小处，同一纵筋不宜设置两个或两个以上接头。

② 钢筋接头不宜设置在箍筋加密区。

③ 同一构件内的接头应相互错开35d（d 为受力钢筋的较大直径）且不小于500mm。

④ 纵筋接头距楼（地）面不小于500mm。

010402 框架梁受力钢筋接头位置

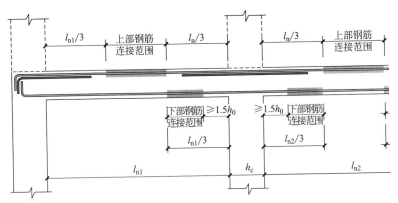

框架梁纵筋连接示意图

工艺说明

① 框架梁上部通长钢筋连接位置宜位于跨中三分之一范围内，梁下部钢筋连接位置宜位于支座三分之一范围内。

② 在同一连接区段内钢筋接头面积百分率不大于50%。

③ 框架梁下部纵筋应尽量避免在中柱内锚固，宜本着"能通则通"的原则来保证节点核心区混凝土的浇筑质量。

④ 纵筋连接位置宜避开梁端、柱端箍筋加密区。如必须在此连接时，应采用机械连接或焊接。

010403 直螺纹接头外观质量

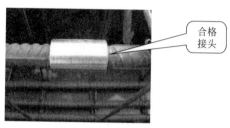

合格直螺纹接头现场图

不合格直螺纹接头现场图

工艺说明

① 直螺纹接头安装应保证钢筋丝头在套筒中央位置相互顶紧，且外露丝扣不得超过 $2p$，这样有利于检查丝头是否被完全拧入套筒。

② 安装接头时可用管钳扳手拧紧，钢筋丝头应在套筒中央位置相互顶紧，标准型、正反丝型、异径型接头安装后的单侧外露螺纹不宜超过 $2p$。对无法对顶的其他直螺纹接头，应附加锁紧螺母、顶紧凸台等措施紧固。

③ 接头安装后应用扭力扳手校核拧紧扭矩，最小拧紧扭矩值应符合以下要求：

最小拧紧扭矩值表

钢筋直径(mm)	≤16	18～20	22～25	28～32	36～40	50
拧紧扭矩(N·m)	100	200	260	320	360	460

010404 直螺纹接头标识

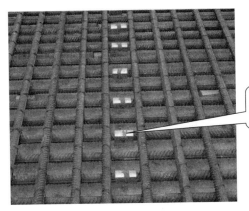

涂刷合格标识

底板直螺纹接头标识现场图

涂刷合格标识

框架柱直螺纹接头标识现场图

工艺说明

① 连接钢筋直螺纹接头时，用力矩扳手拧紧钢筋接头。

② 连接成形后应逐个自检校核，合格后，应用防锈漆做上标记，以防遗漏。

010405 箍筋错开套筒位置

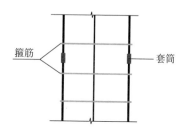

箍筋错开套筒位置示意图

箍筋错开套筒位置现场图

工艺说明

绑扎墙柱箍筋或水平钢筋时，应错开直螺纹套筒位置。

010406 电渣压力焊

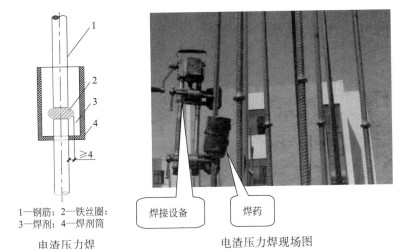

1—钢筋；2—铁丝圈；
3—焊剂；4—焊剂筒

电渣压力焊
做法示意图

焊接设备　　焊药

电渣压力焊现场图

工艺说明

　①从事钢筋焊接施工的焊工应持有钢筋焊工考试合格证，并应按照合格证规定的范围上岗操作。

　②在钢筋工程焊接施工前，参与该项工程施焊的焊工应进行现场条件下的焊接工艺试验，经试验合格后，方可进行焊接。焊接过程中，如果钢筋牌号、直径发生变更，应再次进行焊接工艺试验。工艺试验使用的材料、设备、辅料及作业条件应与实际施工一致。

　③电渣压力焊应用于钢筋混凝土结构中竖向或斜向（倾斜度不大于10°）钢筋的连接。

　④直径12mm的钢筋电渣压力焊时，应采用小型焊接夹具，上下两钢筋对正，不偏歪。

　⑤焊接夹具的上下钳口应夹紧于上下钢筋上；钢筋一经夹紧不得晃动，且两钢筋应同心。

010407 电渣压力焊接头外观检查

不合格接头现场图

合格接头现场图

工艺说明

① 电渣压力焊四周焊包凸出钢筋表面的高度：当钢筋直径为 25mm 及以下时，不得小于 4mm；当钢筋直径为 28mm 及以上时，不得小于 6mm。

② 钢筋与电极接触处，应无烧伤缺陷。

③ 接头处的弯折角度不得大于 2°。

④ 接头处的轴线偏移不得大于 1mm。

010408 电渣压力焊接头清理

焊渣清理前

电渣压力焊接头清理前现场图

合金錾清理焊渣

电渣压力焊接头清理现场图

工艺说明

电渣压力焊焊接后设专人用专用工具（如合金錾）认真清理焊渣。

010409 电弧焊接头（搭接焊）

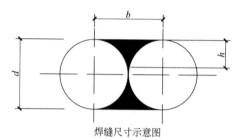

焊缝尺寸示意图

b—焊缝宽度；*h*—焊缝厚度；*d*—钢筋直径

电弧焊接头（搭接焊）焊缝尺寸示意图

搭接焊接头

电弧焊接头（搭接焊）现场图

工艺说明

① 焊缝宽度不小于主筋直径的0.8倍，焊缝厚度不小于主筋直径的0.3倍，双面焊长度不小于主筋直径5倍，单面焊长度不小于主筋直径10倍。

② 焊缝表面应平整，不得有凹陷或焊瘤，焊药皮必须清理。

010410 接头帮条焊补强

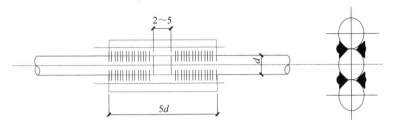

接头帮条焊补强做法示意图

接头帮条焊补强现场图

工艺说明

　　① 机械连接接头现场截取抽样试件后，原接头位置的钢筋采用同等规格的钢筋焊接方法进行补接。

　　② 若焊接采用搭接电弧焊，帮条长度应满足：双面焊时 $\geq 5d$；单面焊时 $\geq 10d$。

　　③ 焊工应持有效的岗位证书，并应进行工艺检验且资料齐全。

010411 接头绑扎补强

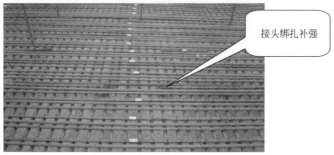

接头绑扎补强现场图

工艺说明

　　① 机械连接接头现场截取抽样试件后，原接头位置的钢筋采用同等规格的钢筋进行搭接连接。

　　② 框架结构主筋搭接范围内箍筋应加密，间距 $5d$ 且 $\leqslant$ 100mm。

第五节 ● 钢筋成品保护

010501 竖向钢筋成品保护

框架柱竖向钢筋成品保护现场图

预埋线管穿梁保护

墙体竖向钢筋成品保护现场图　　顶板钢筋成品保护现场图

工艺说明

　　①墙柱竖向钢筋在浇筑混凝土前应套好保护塑料管，防止浇筑混凝土时被污染。

　　②墙柱竖向钢筋用彩布条、塑料条包裹严密，防止浇筑混凝土时被污染。

010502 污染钢筋的清理

污染钢筋的清理现场图

工艺说明

① 在混凝土浇筑时，及时用布或棉丝蘸水将被污染的钢筋擦净。

② 混凝土浇筑完成后，在绑扎竖向钢筋前，用钢丝刷将被污染的钢筋擦净。

010503 板筋成品保护

 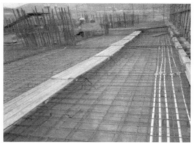

顶板搭设操作马道现场图

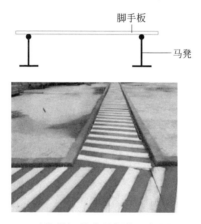

后浇带钢筋成品保护现场图

工艺说明

① 顶板混凝土浇筑前，应搭设操作马道，防止负弯矩筋被踩下。

② 施工缝和后浇带应采取钢筋防锈或阻锈等保护措施。砌筑挡水台，覆盖应严密。

第二章　模板工程

第一节 • 基础模板

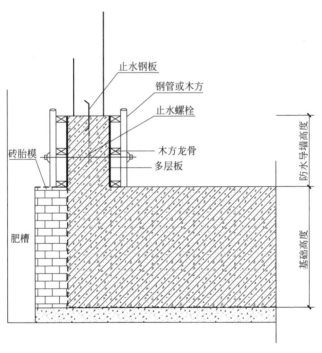

止水钢板

钢管或木方

止水螺栓

木方龙骨

多层板

砖胎模

肥槽

防水导墙高度

基础高度

基础底板导墙模板安装示意图

基础底板导墙模板安装现场图

工艺说明

　　① 基础底板施工时应设防水外墙，防水外墙高出底板上皮 300mm（人防工程为 500mm），外墙与底板一起浇筑。

　　② 防水外墙基础部分外侧模板可采用防水保护墙砖胎模，上翻防水导墙可以采用双层支模。

　　③ 为保证砖胎模的稳定，也可将肥槽回填或另加支撑。

020102 基础底板上反梁模板

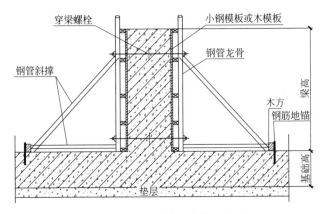

基础底板上反梁模板安装示意图

基础底板上反梁模板安装现场图

工艺说明

①基础底板上反梁多采用小钢模板或木模板组拼，采用钢管加固。

②上反梁应与基础底板一起浇筑。

③梁高大于600mm时，梁中应根据计算加设穿梁螺栓和三角支撑。

020103 独立柱基础木模板

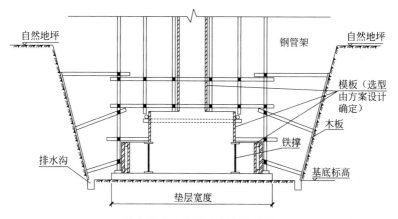

独立柱基础木模板安装示意图

独立柱基础木模板安装现场图

工艺说明

① 独立柱基础木模板优先采用多层板。

② 模板加固应采用木方作背楞，钢管支撑加固。

③ 台阶型基础模板应一次制作安装。

020104 独立柱基础组合钢模板

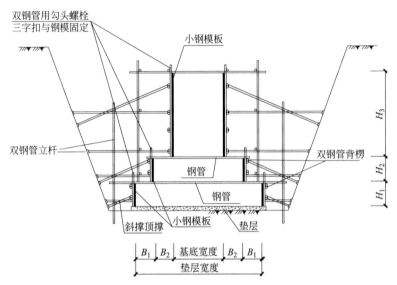

独立柱基础组合钢模板安装示意图

◆ **工艺说明**

　　① 独立柱基础可采用组合钢模，采用钢管作背楞及支撑。

　　② 施工时注意控制模板拼缝的严密性，接缝处加设海绵条防止漏浆。

　　③ 钢模板不满足模数要求时可以采用木模进行拼缝，木模板与钢模板的接缝要拼贴紧密。

020105 条形基础模板

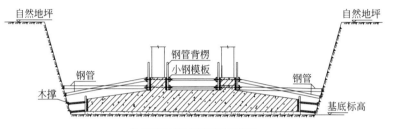

条形基础模板安装示意图

条形基础模板安装现场图

工艺说明

① 条形基础可采用木模板，也可采用小钢模板。

② 支模方式同基础地梁。

020106 电梯井及集水坑木模板

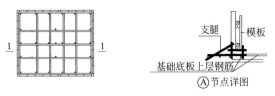

Ⓐ节点详图

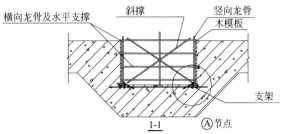

1-1　　　Ⓐ节点

电梯井及集水坑木模板安装示意图

电梯井及集水坑木模板安装现场图

工艺说明

　　① 电梯井及集水坑模板多采用木模板整拼或组合钢模板支设。

　　② 底部采用直径 22mm 钢筋焊制三角模板定位支架。

　　③ 集水坑尺寸多数不合模数，钢模板尺寸不足时可采用木方调节补足，木方钻孔通过模板连接孔与两侧模板连接紧密。

　　④ 模板应采取防止混凝土浇筑时上浮的措施。

020107 杯形基础木模板

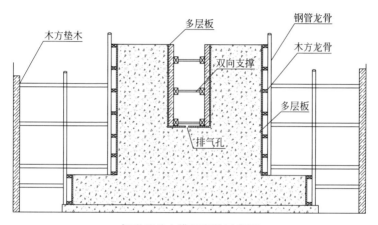

木方垫木　多层板　钢管龙骨　木方龙骨　双向支撑　多层板　排气孔

杯形基础木模板安装示意图

工艺说明

　　① 杯形木模板采用对拉螺栓进行模板角点加固，防止内模加固跑模，杯形内模纵横采用加固木方支撑。

　　② 杯形木模板四周设置井字形顶模箍，以保证杯形模板的牢固性。

　　③ 杯形木模板底部采用限位钢筋与下构造筋焊接，确保混凝土浇筑过程中模板不发生移位。

020108 基础高低跨木模板

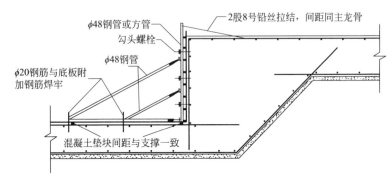

基础高低跨木模板安装示意图

基础高低跨木模板安装现场图

工艺说明

①基础高低跨采用木模板组拼，采用钢管或方管加固。

②对于高差较大的模板支设需要增加勾头螺栓，螺栓的设置与连接应按方案施工，且螺栓不得与底板钢筋直接焊接。

③混凝土浇筑过程中要有专人进行看护。

第二节 ● 墙体模板

020201 大钢模板高度设计

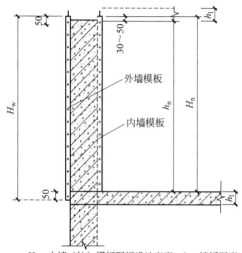

H_n—内墙（柱）模板配板设计高度；h_1—楼板厚度；
H_w—外墙（柱）模板配板设计高度；h_n—内墙（柱）高度

大钢模板高度设计示意图

工艺说明

① 大钢模板高度宜为内墙（柱）高度 h_n＋（30～50mm）。

② 内墙（柱）模板配板设计高度 H_n＝净空层高＋（30～50mm）；

外墙（柱）模板配板设计高度 H_w＝净空层高＋100mm。

③ 根据工程的结构特点，大钢模板需要提前深化设计。

④ 大钢模板的拼缝处应设计企口缝连接。

⑤ 大钢模板的对拉螺栓设置个数、型号应通过计算确定，确保满足受力要求。

⑥ 大钢模板上应设置采用光圆钢筋制作的专用吊钩。

020202 大钢模板阴、阳角模板

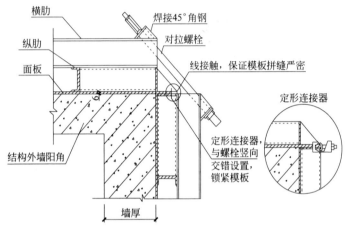

墙体阳角模板示意图

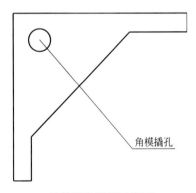

墙体阴角模板示意图

墙体阳角模板现场图

墙体阴角模板现场图

工艺说明

　①　为减少墙体接缝，阳角可不设置阳角模板。

　②　采用大钢模板硬拼时，在角部应增加对拉螺栓拉接。

　③　模板接缝部位采用定形连接器和专用螺栓交错连接，保证模板的平整和方正。

　④　阴角模板与大钢模板之间留有1mm的间隙，且阴角模板比大钢模板高出10～15mm。

　⑤　阴角模板上部设置角模撬孔，拆除时将撬杠插入角模撬孔进行拆除，防止角模被撬变形。

020203 大钢模角模板与钢模板连接节点

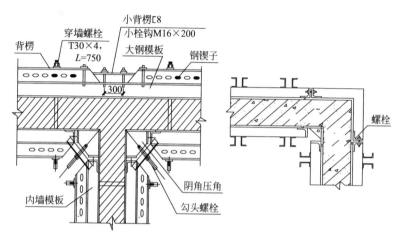

大钢模角模板与钢模板连接节点构造示意图

工艺说明

① 大钢模角模板要和大钢模板配套，大钢模板与阴、阳角模板之间均留有子母口，用 M32 的螺栓和直角芯带固定。

② 阴、阳角模板与大钢模板之间不留间隙，大钢模板做成 20mm 宽母口，阴、阳角模板做成 30mm 宽子口。

③ 阴、阳角模板与大钢模板之间用勾头螺栓连接（住宅工程应设 3～5 道为宜），再用直角芯带定位固定。

020204　大钢模板连接

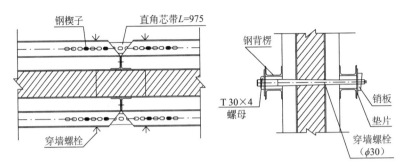

一字墙大钢模板连接构造示意图

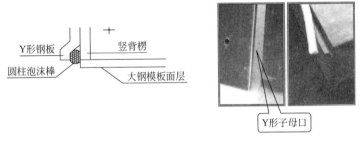

丁字墙大钢模板连接构造示意图

工艺说明

　　① 全钢大钢模板之间留有子母口，子母口可采用 Y 形子母口，在模板边加设 Y 形板，并设置圆柱泡沫棒，模板硬拼接缝与圆柱泡沫棒双重控制大墙面的接缝严密性，保证不漏浆。

　　② 采用专用螺栓连接固定，加设的横肋用勾头螺栓连接。

　　③ 丁字墙外侧模板应采用整块模板，减少拼缝。

　　④ 丁字墙内侧模板同阴角模板。

020205 大钢模板接高

大钢模板接高现场图

工艺说明

① 当大钢模板墙体采用大钢模板接高时，在主龙骨后设置竖向通高型钢作加强竖背楞，其间距根据计算确定，并与上下部模板连接牢固。

② 底部模板安装就位牢固后方可安装上部的大钢模板。

③ 大钢模板的吊点位置应提前规划，避免影响上部大钢模板的安装。

020206 木模板接高大钢模板

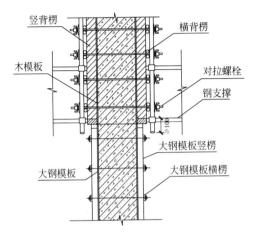

木模板接高大钢模板示意图

（图中标注：竖背楞、横背楞、木模板、对拉螺栓、钢支撑、大钢模板竖楞、大钢模板、大钢模板横楞、≥100）

木模板接高大钢模板现场图

工艺说明

① 当大钢模板墙体采用木模板接高时，木模板加强背楞下跨大钢模板不少于100mm，水平支撑牢固。

② 模板底部木方与大钢模板接触面应刨光，底部贴海绵条，防止漏浆。

020207 木模板与钢模板水平拼装

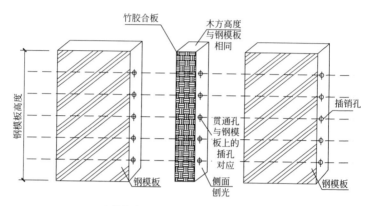

木模板与钢模板水平拼装侧立面图

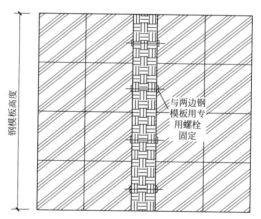

木模板与钢模板水平拼装正立面图

工艺说明

① 小于100mm宽处可以用木方拼接，木方四面要刨光。

② 保证拼缝宽度与钢模板肋高同尺寸，木方高度同平面模板长度。

③ 木方与两边钢模板用螺栓固定牢固，拼缝严密。

020208 组合钢制阴、阳角模板

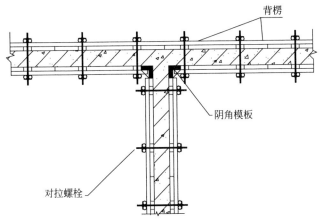

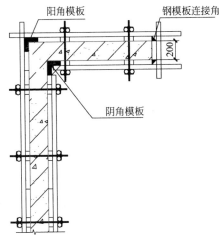

组合钢制阴、阳角模板示意图

工艺说明

① 重点控制角模板与平模板接缝。

② 阴、阳角处应设计企口缝，安装时模板应紧贴。

③ 阳角处应根据受力计算，采取可靠的加固措施。

020209 组合钢模板连接节点

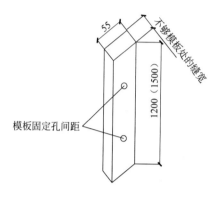

组合钢模板连接节点示意图

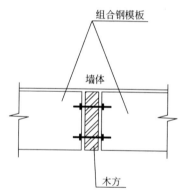

组合钢模板连接节点构造细部图

工艺说明

　　① 当组合钢模板不合模数，钢模板尺寸不适合时可采用木方调节补足。

　　② 木方三面刨光，高度同钢模板，在木方上钻孔，与两侧模板连接紧密。

020210 墙体木模板

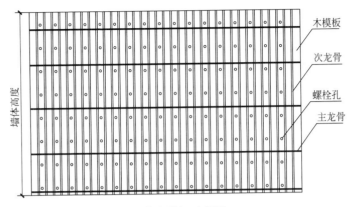

墙体木模板示意图

墙体木模板安装现场图

◆ 工艺说明

① 墙体木模板宜采用整拼整装。

② 墙体木模板拼缝处应增设一道龙骨，保证拼缝严密不漏浆。

③ 模板的螺栓根据计算确定，且螺栓位置应避开模板拼缝处。

④ 墙体外侧采用钢管进行定位固定。

020211 墙体塑料模板

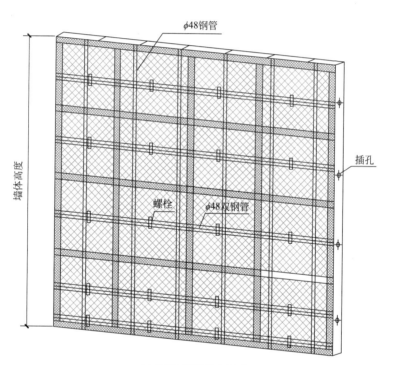

墙体塑料模板示意图

墙体塑料模板安装现场图

工艺说明

　　① 根据工程的特点采用定形设计和加工，现场不得对塑料模板进行裁切。

　　② 塑料模板安装及加固方法同木模板。

　　③ 塑料模板模数不满足工程需要时，可采用木模板进行拼装，需保证木模板和塑料模板的拼缝紧密，不漏浆。

020212 木制阴、阳角模板

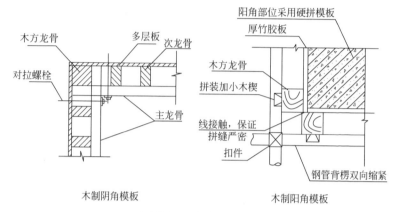

木制阴角模板   木制阳角模板

木制阴、阳角模板示意图

木制阴、阳角模板安装现场图

工艺说明

① 用木方和厚竹胶板制作阴角模板。

② 阳角不设角模板，采用墙模板端面硬拼，用钢管扣紧，再用木楔挤紧，从而保证阳角方正。

020213 高低楼板接槎处模板

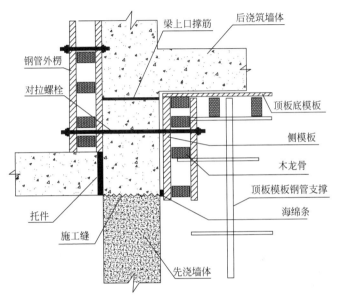

高低楼板接槎处模板示意图

梁上口撑筋　**后浇筑墙体**
钢管外楞
对拉螺栓
顶板底模板
侧模板
木龙骨
顶板模板钢管支撑
海绵条
托件
施工缝
先浇墙体

工艺说明

　　① 该部位施工一般采用墙体混凝土二次浇筑，采用高低楼板接槎处墙体与顶板共同浇筑的方法进行施工。

　　② 高低接槎处的墙体模板用多层板进行吊模，对拉螺栓数量根据实际需要计算确定。

　　③ 吊模时外墙模板应下跨已经浇筑完的混凝土墙体至少100mm，并且与墙体贴紧，接缝处可以增设海绵条，确保混凝土浇筑时不漏浆。

020214 木模板拼缝

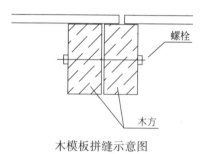

木模板拼缝示意图

工艺说明

① 木模板拼缝应采用硬拼。

② 纵向接缝后均设置木方。

③ 横向接缝背后设置木方。

④ 所有木模板栽边后应压边，用封边漆进行封边。

020215 地下室外墙单侧支模

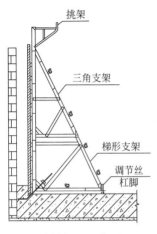

支撑加固示意图

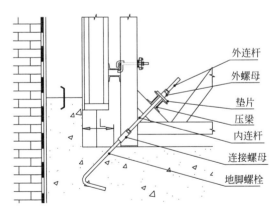

地下室外墙单侧支模示意图

地下室外墙单侧支模现场图

工艺说明

① 当施工场地狭窄，地下室外墙采用双侧支模困难的情况下，可采用桁架式单侧支模。

② 单侧支模要求支撑牢固，应有预埋螺栓、地锚、加配重等抗浮措施。

③ 桁架式单侧支架一般通过 45° 的高强度螺栓，一侧与地脚螺栓连接，一侧斜拉住单侧模板支架。

020216 地下室外墙单侧支模（木模板）

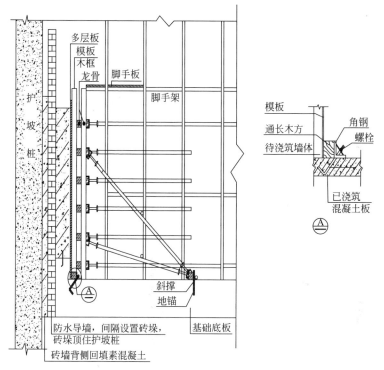

地下室外墙单侧支模（木模板）示意图

工艺说明

① 当地下外墙外侧采用直立护坡作模板，内侧可采用木模进行单侧支模，采用满堂架作支撑。

② 根据模板设计与计算，浇筑底部时设置相应的地锚等抗浮设施。

③ 单侧支模高度应根据受力计算确定，一次支设高度不宜过高，当外墙高度过高时，应分次支设。

020217 墙体模板底部防漏浆措施

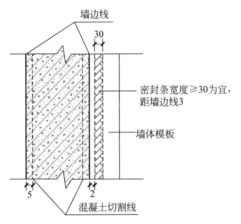

墙体模板底部防漏浆措施示意图

工艺说明

①浇筑顶板混凝土时，在墙体边线外侧100mm左右范围内，拉线、找平、压光。

②沿墙体边线向外3mm贴密封条，密封条宽度以≥30mm为宜。

③安装模板时，模板应准确定位，以免碰坏密封条。

④墙模与楼板立面的缝隙，不宜用砂浆找平或用木条堵塞。

020218 外墙模板层间接缝处节点

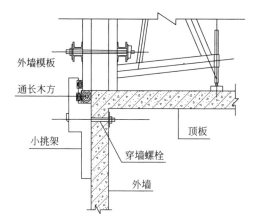

外墙模板层间接缝处节点示意图

外墙模板层间接缝处节点现场图

工艺说明

① 为保证墙体水平接缝严密，外墙模板底部支撑可采用专用的墙挂支撑件。

② 墙挂支撑件与下层墙体的螺栓孔通过穿墙螺栓固定。

③ 接槎处的外墙模板应下跨浇筑完的墙体至少100mm，外墙模板与墙体之间应粘贴海绵条。

020219 阳台、女儿墙栏板模板

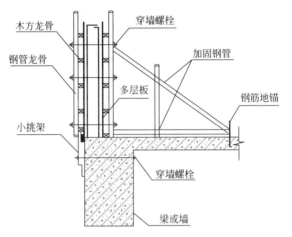

木方龙骨
穿墙螺栓
钢管龙骨
加固钢管
多层板
钢筋地锚
小挑架
穿墙螺栓
梁或墙

阳台、女儿墙栏板模板示意图

阳台、女儿墙栏板模板安装现场图

工艺说明

① 安装模板时，模板应准确定位，底板和外墙设置密封条。

② 模板加工采用对拉螺栓，内侧采用钢管支顶。

③ 吊模时外墙模板应下跨已经浇筑完的混凝土墙体至少100mm，并且与墙体贴紧，接缝处可以增设海绵条，确保混凝土浇筑时不漏浆。

第三节●框架柱

020301 方（矩）形可调柱钢模板

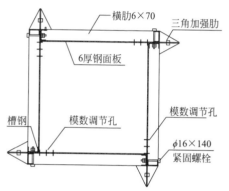

方（矩）形可调柱钢模板示意图　　方（矩）形可调柱钢模板现场图

工艺说明

①可调柱钢模板，通常以50mm为调节单位，设置螺栓孔，施工时可根据需要调整模板尺寸。

②此种可调柱钢模板由于无需加设背衬龙骨，只需沿柱高加设斜向撑杆即可，一般只需加设上中下三道。

③施工中注意将位于柱内用于调节柱截面大小的螺栓眼堵严，防止漏浆。

020302 方（矩）形可调柱木模板（方圆扣）

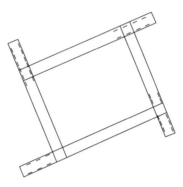

方（矩）形可调柱木模板（方圆扣）示意图

方（矩）形可调柱木模板（方圆扣）安装现场图

工艺说明

① 可调柱木模板（方圆扣），应根据施工需要采用满足施工要求的尺寸。

② 此种可调柱木模板（方圆扣），沿柱高度按照厂家的说明书进行设置，具体间距需满足设计要求。

020303 圆（异）形柱钢模板

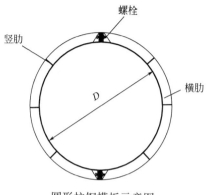

圆形柱钢模板示意图

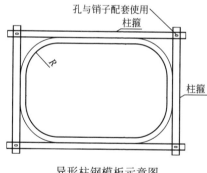

异形柱钢模板示意图

圆形柱钢模板实物图

工艺说明

① 圆（异）形柱钢模板连接拼缝以结构轴线为拼接对称轴，拼缝采用企口连接。

② 拼缝处模板背面水平和垂直方向宜增加横肋和竖肋。

020304 方（矩）形柱木模板

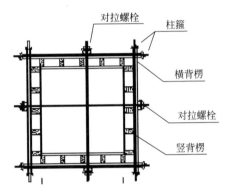

方（矩）形柱木模板示意图

方（矩）形柱木模板安装现场图

工艺说明

① 柱木模板，宜选用厚度≥15mm的覆膜多层板。

② 背楞采用钢木组合或钢管较为经济，但采用槽钢和定形钢柱箍作为背楞效果较好，也可采用木方、钢管、型钢以及可调柱箍等。

③ 柱子边长≥900mm时，宜加设对拉螺栓。

020305 圆（异）形柱木模板

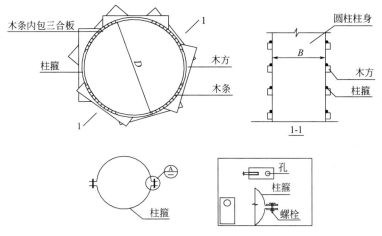

圆（异）形柱木模板示意图

圆（异）形柱木模板现场图

工艺说明

① 圆（异）形柱采用木模板组拼时，内衬可用胶合板或塑料板、镀锌铁皮，外衬可用木方。

② 圆形柱木模板可采用多层板（竹胶板）作背衬龙骨，多层板之间采用竖向木方连为整体，形成外框架，以方便加设斜向支撑。

③ 该种形式与定形钢模板费用相比，柱数量越少越经济。

020306 圆形柱玻璃钢模板

圆形柱玻璃钢模板安装现场图

工艺说明

① 圆形柱也可用玻璃钢模板，采用不饱和聚酯树脂作为胶结材料，用玻璃纤维作为骨架逐层粘裹而成。

② 施工时，按圆柱尺寸闭合模板，模板拼缝朝向结构轴线，逐个拧紧接口螺栓。

020307 柱模板清扫口留置

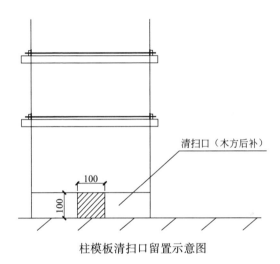

柱模板清扫口留置示意图

清扫口（木方后补）

100

100

工艺说明

①梁、柱、墙模板应留置清扫口。

②浇筑混凝土前应将模板内清理干净，并浇水湿润。

③清扫口位置应正确，大小合适，开启方便，封闭牢固，浇筑混凝土时能承受混凝土的冲击力，不得漏浆或变形。

020308 附墙柱模板

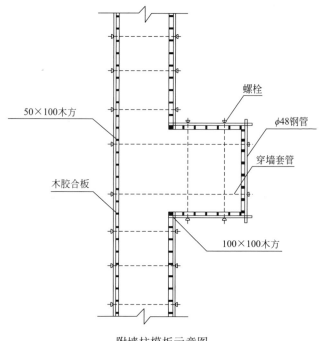

螺栓

φ48钢管

穿墙套管

50×100木方

木胶合板

100×100木方

附墙柱模板示意图

附墙柱模板安装现场图

工艺说明

① 附墙柱模板外侧墙体所用模板为木模板。

② 模板加固采用对拉螺栓，主龙骨可以采用钢管或槽钢。

③ 阴角处应采用100mm×100mm木方。

④ 模板上的对拉螺栓孔应错开布置，不得布置在同一水平面上。

第四节 ● 梁板模板

020401 梁板支撑

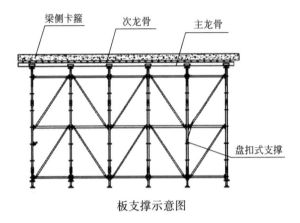

板支撑示意图

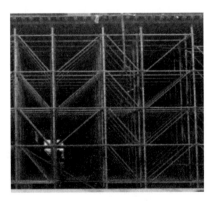

板支撑安装现场图

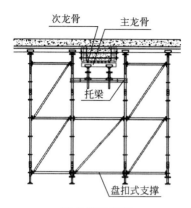

次龙骨　　主龙骨

托梁

盘扣式支撑

梁支撑示意图

梁支撑安装现场图

工艺说明

①板模板可采用厚度≥12mm的覆膜多层板或塑料模板。

②龙骨可采用木方、型钢、钢木组合等形式。

③当选用盘扣式支撑架体时，一般可采用托梁形式梁底支撑，但需满足计算要求。

④支撑架可用各类扣件式、碗口式、轮扣式架体，盘扣式钢管架，间距经过计算确定，立杆下铺设垫板，垫板可用尺寸为50mm×100mm木方，长度应≥300mm，也可用通长的平直木脚手板。

020402 悬挑梁板支撑

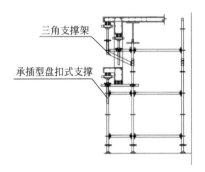

三角支撑架

承插型盘扣式支撑

悬挑梁板支撑示意图

悬挑梁板支撑安装现场图

工艺说明

① 支撑架体应采用承插型盘扣式支撑脚手架。

② 悬挑梁板支撑架宜采用配套成品刚架，支架参数及间距应经过计算确定，应严格控制水平杆拉结及支架安装质量，严格控制连接安装质量。

020403 顶板侧模

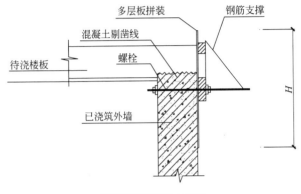

顶板侧模安装示意图

图中标注：多层板拼装、钢筋支撑、混凝土剔凿线、待浇楼板、螺栓、已浇筑外墙、H

工艺说明

　　① 浇筑顶板时，顶板与外墙交接的地方采用挡模（高度 H），挡模利用外墙模板的第一道穿墙螺栓眼固定。

　　② 针对超厚顶板侧模支撑，需按外墙接高模板支撑方式固定，采取穿墙螺栓紧固及顶撑措施。

　　③ 为防止浇筑顶板混凝土阴角处漏浆，在龙骨侧面靠墙处，或顶板侧模板靠墙处粘贴海绵条，海绵条粘贴在模板或龙骨上。

020404 空心楼板模板

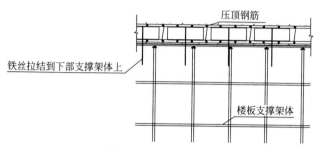

空心楼板加固构造设计示意图

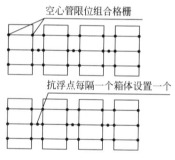

空心楼板抗浮平面设计示意图

空心楼板施工现场图

工艺说明

① 同一排的空心管安放必须保持顺直，两排管之间间距要符合设计要求，预埋管线可沿着两列空心管肋间排布，避免斜放而抬高空心管高度。

② 浇筑混凝土时，由于空心管自重较轻，产生浮力较大，采用在空心管管下的楼板模板开洞的方式，将铁丝拉结到板下的支撑架体上，增加抗浮点承载力。

③ 混凝土浇筑过程中，除采取防止上浮的措施外，还需要将其固定使其不能左右移动，并制作专用卡具。

020405 顶板模板与竖向结构交接节点

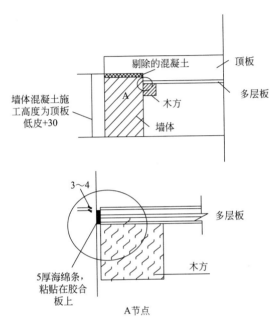

顶板模板与竖向结构交接节点示意图

工艺说明

① 为防止顶板阴角处漏浆，在龙骨侧面靠墙处，或顶板侧模板靠墙处粘贴海绵条，海绵条应粘贴在模板或龙骨上。

② 顶板模板边均采用刨子刨平，用封边漆保护。拼缝采用"硬拼法"，确保模板拼缝严密不漏浆，保证接槎平整。

020406 挑板端面模板

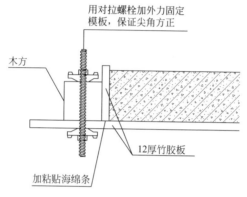

挑板端面模板示意图

挑板端面模板安装现场图

工艺说明

① 挑板端面外立面模板加设对拉螺栓，加外力固定模板。

② 挑板端面外立面模板除可用竹胶板外，也可选用小钢模板、铝模板等。

020407 楼板降板处侧模板

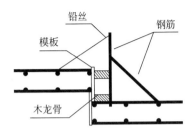

楼板降板处侧模板构造示意图

楼板降板处侧模板安装现场图

工艺说明

① 楼板降板处可采用钢筋骨架作支撑，钢筋直径宜≥14mm。

② 支撑可采用预制成形托架，与楼板及梁钢筋绑扎固定，支架间距宜为800mm。

③ 降板模板上下口设水平龙骨，并用压刨刨光、刨平，截面尺寸一致。

④ 四大角设水平斜撑。

020408 楼板降板可调定形钢模板

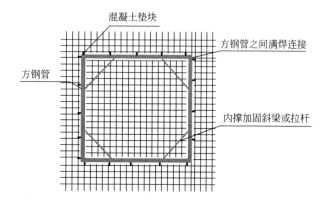

方钢管之间满焊连接
混凝土垫块
方钢管
内撑加固斜梁或拉杆

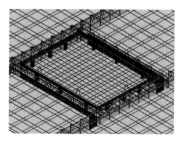

楼板降板可调定形钢模板构造示意图

工艺说明

　　① 方钢梁支设前，表面刷油脂脱模剂，方钢管下部及侧边垫块应根据保护层厚度要求放置对应垫块。

　　② 方钢梁定位后，为防止方钢管模板移位，用16号铅丝将方钢管与侧向钢筋绑扎拉紧。

　　③ 可调定形钢模板适用于降板100mm左右楼板吊模支设，大跨度降板，为减少钢梁中部受混凝土挤压产生挠度变形，宜单独布置对撑钢梁。

020409 顶板预留洞定形模具

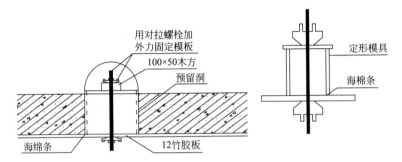

用对拉螺栓加外力固定模板
100×50木方
预留洞
海绵条
12竹胶板
定形模具
海棉条

顶板预留洞定形模具构造示意图

顶板预留洞定形模具安装现场图

工艺说明

　　① 顶板预留洞处应采用定形模具，预留洞模板加设对拉螺栓，加外力固定模板。

　　② 预留洞大小、直径、钢筋附加措施应符合专业设计要求。

　　③ 对拉螺栓紧固需严密紧实，下部宜采用海绵条密封。

020410 梁柱节点模板（一）

梁柱节点模板安装现场图

工艺说明

①梁柱节点宜做成定形模板或装配式模板，且便于拆卸周转。

②模板的接缝处应加贴双面胶带，防止接缝漏浆。

③梁柱节点模板需方正垂直，实测允许偏差符合验收规范要求。

④混凝土浇筑时，泵管不宜对准模板进行侧向冲击浇筑。

020411 梁柱节点模板（二）

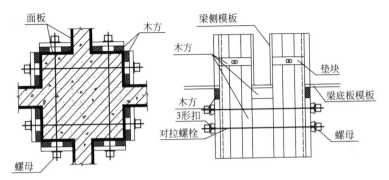

梁柱节点模板示意图

梁柱节点模板安装模型图

工艺说明

　　① 梁柱节点模板即为柱头模板，应根据梁模板的形式来选择柱头模板的形式，宜做成定形模板或装配式模板，且便于拆卸周转。

　　② 梁柱接头的模板要跨下柱子600～800mm，至少应有两道锁木锁在柱子上。

020412 梁板起拱

顶板起拱及标高控制

梁板起拱标高控制现场图

工艺说明

① 跨度≥4m 的梁板模板应按设计要求起拱，当设计无要求时，起拱高度为跨度的 1/1000～3/1000，并绘制起拱图。

② 楼板只允许从四周向中间起拱，四周不起拱。起拱要顺直，不得有折线。在允许范围内，多种跨度可以取统一值。刚性支模体系起拱高度宜控制在跨度的 1/1000～1.5/1000。

020413 梁底清扫口设置

梁底清扫口设置现场图

工艺说明

① 框架梁梁底每跨应设清扫口，并考虑今后方便封堵。

② 清扫完毕，浇筑混凝土之前进行封堵。

020414 加腋梁柱节点模板

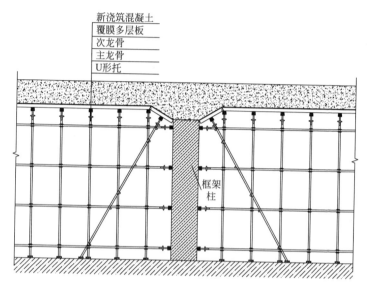

新浇筑混凝土
覆膜多层板
次龙骨
主龙骨
U形托

框架柱

竖向加腋梁柱节点示意图

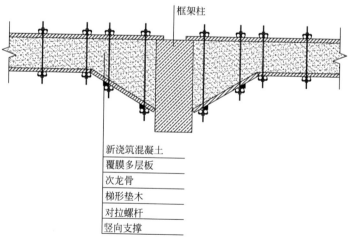

框架柱

新浇筑混凝土
覆膜多层板
次龙骨
梯形垫木
对拉螺杆
竖向支撑

水平加腋梁柱节点示意图

梁下加腋

加腋梁柱节点现场图

工艺说明

① 支设模板时，梁侧模板应包底模板。

② 加腋部位梁下口应采用锁口木方，主龙骨采用木龙骨，加固牢固，确保刚度满足要求。

020415 楼板早拆支撑体系

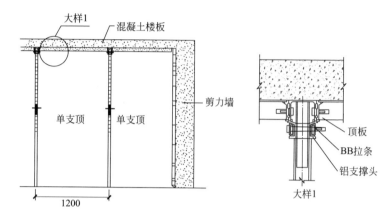

楼板早拆支撑体系构造示意图

楼板早拆支撑体系施工现场图

工艺说明

①楼板早拆体系由平面模板、模板支架、早拆柱头、横梁和底座等组成。

②梁、板底早拆系统支撑间距应根据计算确定，且不宜大于1300mm。

③拆模时间根据同条件试块抗压强度确定且应符合规范设计要求，拆除模板和横梁，需保留支撑楼板的柱头和立柱，直到养护期结束时再拆除。

020416 塑料膜壳模板

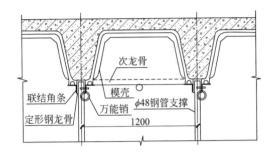

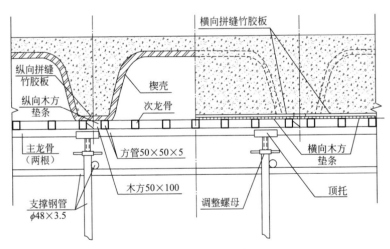

塑料膜壳模板构造示意图

塑料膜壳模板安装现场图

工艺说明

　　① 排架搭设时，沿短轴方向的排架间距应按塑料膜壳尺寸进行设计排列，定形钢龙骨下排架搭设偏差不应大于10m，否则膜壳无法准确定位。

　　② 膜壳安装要在一个柱网内由中间向两端排放，以免出现两端宽肋不等的情况。

　　③ 膜壳拼缝建议使用高弹性腻子进行封堵拼缝，浇筑前表面应刷脱模剂。

020417 方（矩）形可调梁木模板（方圆扣）

方（矩）形可调梁木模板（方圆扣）构造示意图

方（矩）形可调梁木模板（方圆扣）安装现场图

工艺说明

　　① 取第一篇卡箍水平放置于梁底，紧贴木方，两侧楔形卡箍于两侧，最后用楔形插销敲入卡箍一侧的空心槽内直至紧固。

　　② 可调梁木模板方扣间距及龙骨布置需经计算确定。

　　③ 梁下单独进行梁底支撑，支撑系统不与方扣合并受力使用。

第五节 ● 螺栓

020501 地下室外墙普通止水螺栓

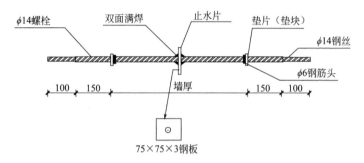

地下室外墙普通止水螺栓构造示意图

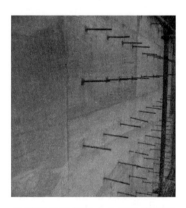

地下室外墙普通止水螺栓现场图

工艺说明

　　地下室外墙对拉螺栓必须加设止水片，止水片为 3～5mm 厚、边长 70～80mm 的正方形铁片。

020502 地下室外墙普通止水螺栓（免打孔）

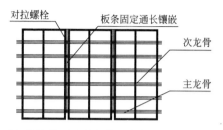

地下室外墙普通止水螺栓（免打孔）构造示意图

地下室外墙普通止水螺栓（免打孔）安装现场图

工艺说明

①通过外墙两块大模板之间留设通长缝板带，缝间设置高度较小的通长板条，板条应按对拉螺栓孔径大小开孔。

②模板拼缝必须严密，拼缝处应设置垂直于板长方向的次龙骨，模板交接部位接触面应粘贴海绵条封堵。

③混凝土浇筑宜严格分层浇筑振捣。

020503 地下室外墙五接头止水螺栓

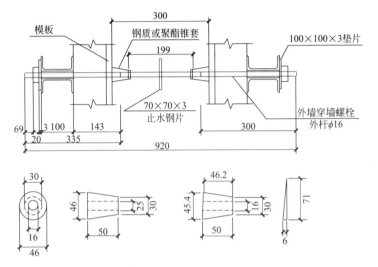

钢质或聚酯锥套（用于梯形墙）示意图

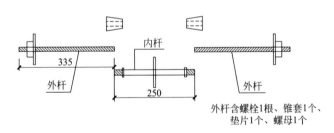

外杆含螺栓1根、锥套1个、
垫片1个、螺母1个

地下室外墙五接头止水螺栓构造示意图

地下室外墙五接头止水螺栓安装现场图

工艺说明

　　为提高止水螺栓周转率，地下外墙穿墙螺栓可采用配套分节式止水螺栓，中间止水环为 3mm 厚、边长 70mm 的正方形铁片，为避免产生变形，螺栓两侧加设龙骨，以减少模板变形。

177

020504 穿墙螺栓

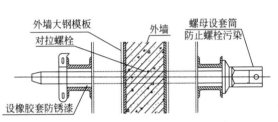

外墙穿墙螺栓示意图

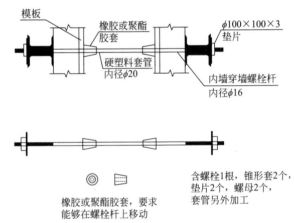

内墙穿墙螺栓示意图

工艺说明

　　大钢模板穿墙螺栓采用楔形，大头 $\phi32$，小头 $\phi28$。大头在内，小头在外，穿墙螺栓与大钢模板间设橡胶或聚酯胶套以防止混凝土浇筑时从穿墙孔漏出水泥浆。

020505 柱模板穿柱螺栓

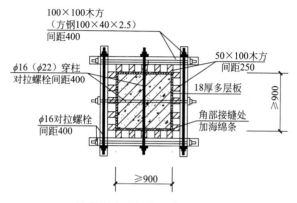

柱模板穿墙螺栓示意图（一）

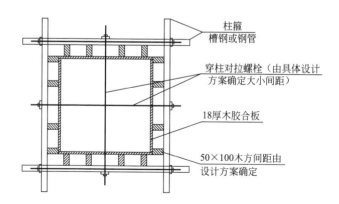

柱模板穿墙螺栓示意图（二）

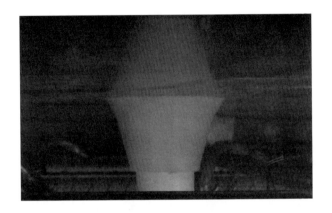

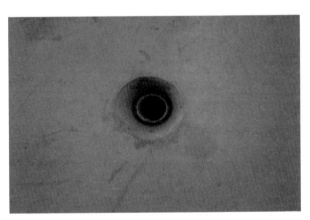

柱模板穿墙螺栓现场图

工艺说明

当柱子边长≥900mm时，木模板应加设穿柱对拉螺栓，以保证柱截面尺寸。为避免漏浆，柱内加塑料套管，螺栓端头加设塑料堵头。

020506 梁侧模板对拉螺栓

对拉螺栓

临时支撑

梁侧模板对拉螺栓构造示意图

梁侧模板对拉螺栓安装现场图

◆ **工艺说明**

通常高度＞600mm 的梁侧模板应增加对拉螺栓，螺栓的直径及数量经计算确定。

第六节 · 楼梯模板

020601 楼梯定形钢模板

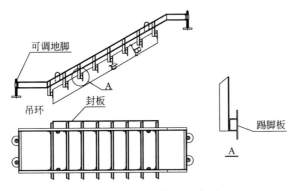

楼梯定形钢模板构造示意图

楼梯定型钢模板安装现场图

工艺说明

　　① 楼梯踏步定形钢模板，踢段板下口滴水线可一次成形。

　　② 楼梯踏步模板支撑应与踏步底面垂直。

　　③ 楼梯梯步模板高度应考虑休息平台与梯步装饰层厚度关系后确定。

020602 楼梯定形木模板

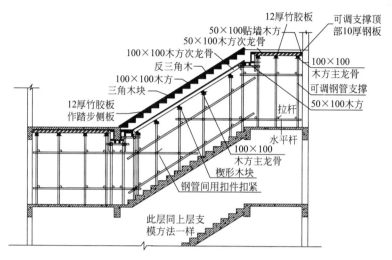

楼梯定形木模板构造示意图

楼梯定形木模板安装现场图

工艺说明

① 楼梯混凝土随打随抹一次成活，并加护角。

② 如果楼梯二次抹灰或铺砖，踏步的高度和宽度应考虑装修面层的厚度，第一踏步和最后一个踏步浇筑高度还要考虑楼梯间休息平台面层的厚度。

③ 楼梯模板支撑也可垂直于梯步板底设置。

第七节 • 电梯井模板

020701 钢制定形筒模板

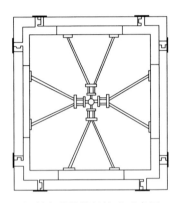

钢制定形筒模板构造示意图

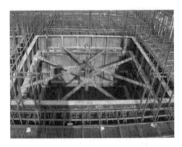

钢制定形筒模板安装现场图

工艺说明

① 钢制定形筒模板是由模板、角模和紧伸器等组成。

② 主要适用于电梯井内模板的支设，同时也可用于方形或矩形狭小建筑单间、建构筑物及筒仓等结构。

③ 钢制定形筒模板具有结构简单、装拆方便、施工速度快、劳动工效高、整体性能好、使用安全可靠等特点。

020702 木模板电梯井层间接槎

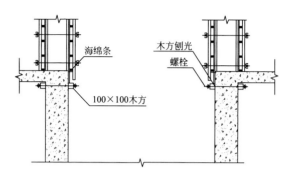

木模板电梯井层间接槎构造示意图

木模板电梯井层间接槎施工现场图

工艺说明

① 采用 100mm×100mm 木方统一吊帮加固，利用下层墙体螺栓孔将木方固定在墙体上。

② 吊帮的木方要刨光，保证能与墙体紧密贴合，确保不漏浆。

③ 内侧模板应下跨浇筑完的墙体至少 100mm，且内侧粘贴海绵条，防止漏浆。

020703 电梯井支模板平台——墙豁支撑式

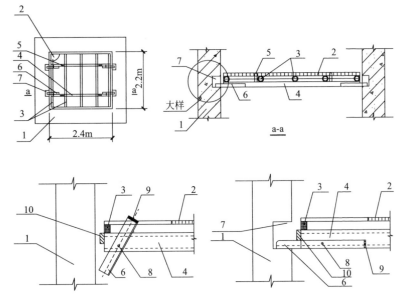

1—混凝土井墙；2—木地板；3—木方龙骨；4—钢梁；5—吊环；
6—钢支腿；7—支座孔；8—钢销钉；9—配重板；10—挡板

电梯井支模板平台——墙豁支撑式示意图

工艺说明

①平台结构采用普通梁格系，面层铺15mm厚木板，下面布置5根60mm×90mm木方龙骨，龙骨下面为两根 ⊏128a槽钢钢梁。

②在两根钢梁上焊四个吊环，每浇筑完一个楼层高的井筒筒壁混凝土，平台便提升一次，在每层筒壁上部平台钢梁制作的位置上留出4个支座孔（100mm×100mm×300mm），作为平台提升后钢梁的支座。

③平台两端有钢支腿，钢支腿采用⊏90mm×8mm角钢制作，用ϕ20mm钢销钉与钢梁连接。

④平台向上提升时，支腿沿钢筒壁滑行，当滑行到支座孔时，由于支腿有配重板，支腿会自动伸入到支座孔内；经检查4个支腿全部伸入支座孔后，方可将吊环与塔式起重机吊钩脱离，工人即可在平台上操作。

020704 / 电梯井支模板平台——三角支架式

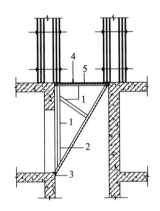 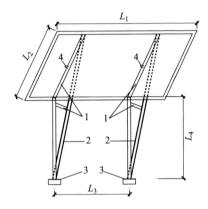

L_1—电梯井洞宽（20mm）；L_2—电梯井进深；L_3—门洞宽度（150mm）；

L_4—层高（50mm）；1—ϕ48mm×3.5mm钢管；2—[10号槽钢；

3—∟100mm×800mm角钢；4—吊环；5—50mm厚脚手板

电梯井支模板平台——三角支架式示意图

工艺说明

① 平台尺寸与电梯井尺寸相同，直角边为电梯井高度，平台面层铺50mm厚脚手板，平台由ϕ48mm×3.5mm钢管焊接而成，支架由四根ϕ48mm×3.5mm钢管和两根[10号槽钢组成，支座为∟100mm×100mm角钢；在平台上焊2个吊环。

② 由于平台为三角形，根据三角形稳定的原理，只要将平台支座支设在下一层的入口处，平台即可牢固地卡在电梯井内。

③ 拆模后用塔式起重机吊钩钩住吊环，使平台略微倾斜，即可将平台平稳提升。

第八节 • 门窗洞口、阳台及异形部位模板

020801 门窗洞口钢制定形模板

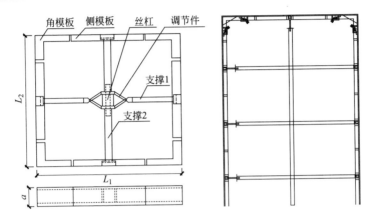

门窗洞口钢制定形模板构造示意图

门窗洞口钢制定形模板安装现场图

工艺说明

① 门窗洞口钢制定形模板，可保证门窗洞口的位置及尺寸准确，模板可拼装、易拆除、刚度好。

② 为控制门窗洞口的变形，可采用门窗洞口模板镶嵌于墙体模板中组成整体式模板的方法避免。

020802 门窗洞口木制定形模板

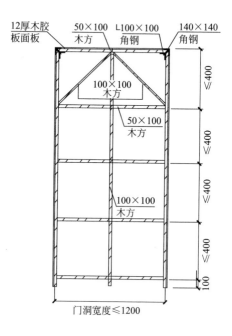

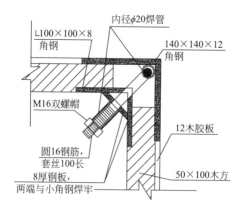

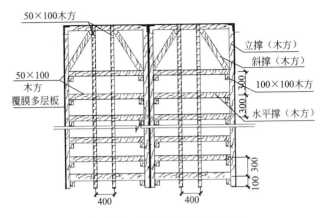

门窗洞口木制定形模板示意图

门窗洞口木制定形模板安装现场图

工艺说明

① 木制定形模板应采用定形钢抱角。

② 门窗洞口模板侧面加贴海绵条防止漏浆。

③ 当窗口尺寸较大时，可采用内部加设支撑或双窗口模板拼接，以加强洞口模板整体刚度。

④ 浇筑混凝土时从窗两侧同时浇筑，避免窗模板偏位。

020803 窗口模板排气孔

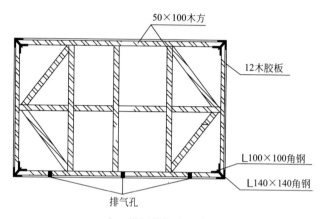

50×100木方

12木胶板

L100×100角钢

L140×140角钢

排气孔

窗口模板排气孔示意图

窗口模板安装现场图

工艺说明

　　窗洞口模板下要设排气孔，防止混凝土浇筑不到位，并避免混凝土表面产生气泡。

窗口滴水条

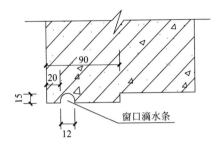

窗口滴水条构造示意图

窗口滴水条现场图

工艺说明

①外墙只刷涂料的外窗口宜做成企口形；滴水可做成 U 形、半圆形，可用定形模具成形。

②滴水线槽不应撞墙，槽端距墙 20mm 为宜。

020805 阳台模板

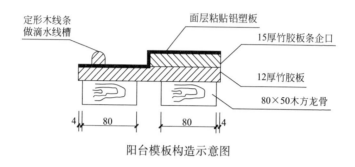

定形木线条
做滴水线槽

面层粘贴铝塑板

15厚竹胶板条企口

12厚竹胶板

80×50木方龙骨

4　80　80　4

阳台模板构造示意图

阳台定
位模板

阳台模板现场图

滴水线槽

阳台滴水线槽现场图

工艺说明

　　① 阳台模板设计时，根据工程量大小及特点，可选用定形模板或拼装式模板。

　　② 外墙内保温或外墙只刷涂料的工程，阳台滴水线槽应随结构一次留置。

第九节 • 后浇带及施工缝模板

020901 底板后浇带模板

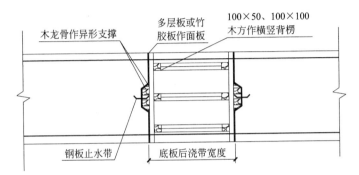

底板后浇带模板示意图

后浇带模板安装现场图

工艺说明

① 底板后浇带要严格按照图纸和施工方案留置。

② 后浇带两侧模板留设成企口形式。

020902 地下室外墙后浇带模板

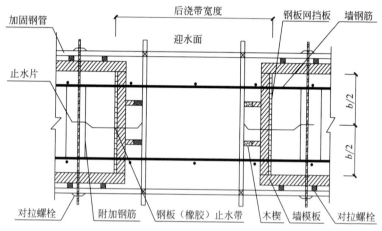

地下室外墙后浇带模板示意图

工艺说明

① 地下外墙后浇带要严格按照图纸和施工方案留置。

② 止水带应安装在墙厚 1/2 处，钢板止水带槽口应朝向迎水面，用附加钢筋焊接固定在墙筋上。

③ 钢丝网用扎丝绑扎在附加钢筋上，并确保固定牢固，木模板根据水平钢筋间距锯出槽口，安装在钢板网外侧，用钢管、木方加固，间距不大于 500mm。

020903 楼板后浇带模板

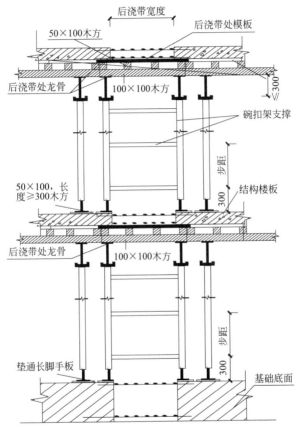

楼板后浇带模板示意图

工艺说明

① 梁板后浇带按悬挑结构考虑，模板单独支设，采用双支柱支模，应采取可靠的拉结措施，保证其牢固性和稳定性。

② 顶板模板拆除时，保留后浇带两侧模板不拆除，不应采取先拆模后支顶的方法，以免结构出现变形。

020904 楼板施工缝模板

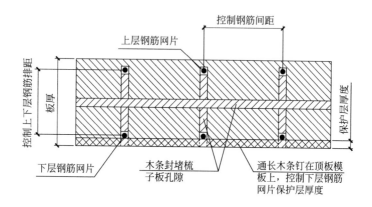

楼板施工缝模板构造示意图

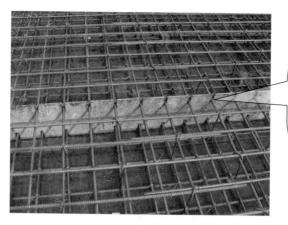

楼板施工缝模板安装现场图

工艺说明

　　楼板施工缝采用竹胶板或多层板，按钢筋间距和直径做成刻槽挡模，加木条垫板，施工完后及时取出。

020905 后浇带早拆支撑体系（快拆头）

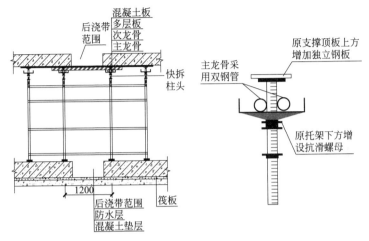

后浇带早拆支撑体系（快拆头）构造示意图

后浇带早拆支撑体系（快拆头）现场图

工艺说明

　① 后浇带两侧模板采用"顺短向排布"的方式，后浇带施工缝部位采用 200mm 木模板拼接固定，设置海绵条防止混凝土洒漏。

　② 调节支架拖件，拆除后浇带两侧结构构件的模板，保留后浇带外侧两跨快拆模架支撑。后浇带模板安装前，需将后浇带两侧施工缝清理干净。

020906 墙体竖向施工缝

墙体竖向施工缝现场图

工艺说明

①竖向施工缝采用钢丝板网或快易收口网，应用挡板支撑牢固。

②竖向施工缝也可采用快易收口网，接槎部位需剔凿处理，可直接进行下段混凝土施工。

020907 双墙变形缝模板

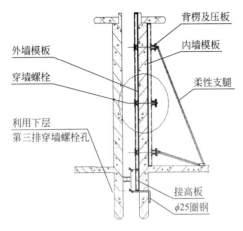

外墙模板
穿墙螺栓
利用下层
第三排穿墙螺栓孔
背楞及压板
内墙模板
柔性支腿
接高板
φ25圈钢

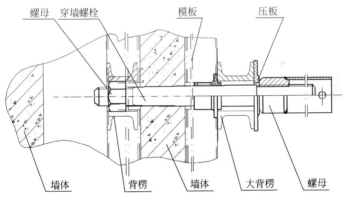

螺母　穿墙螺栓　　　　模板　　　　压板
墙体　　背楞　　墙体　　大背楞　　螺母

双墙变形缝模板构造示意图

工艺说明

　　① 当变形缝采用大钢模板时，变形缝处对拉螺母应焊在模板横背楞上。

　　② 变形缝处后浇筑的墙体，在内侧大钢模板面板上对应螺栓位置处焊接螺母用以紧固螺栓。

第十节 • 高大模板支撑

021001 梁板模架立杆上下部构造要求

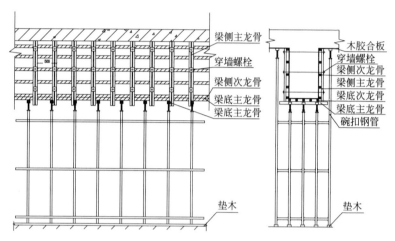

梁板模架立杆上下部构造示意图

工艺说明

① 高大模板支架应尽量采用盘扣搭设，钢管立柱顶部应设可调支托，U形托螺杆伸出钢管顶部不得大于200mm，螺杆外径与立柱钢管内径间隙不得大于3mm，安装时应保证上下同心。

② 局部不合模数的地方可以采用扣件式钢管进行搭设，扣件式钢管应与盘扣进行连接。

③ 底层纵横向水平杆作为扫地杆，距地面高度应≤550mm，立杆底部应设置可调底座或固定底座；立杆上端包括可调螺杆伸出顶层水平杆的长度不得大于0.5m。

④ 可调底座螺杆外径不应小于36mm，螺杆插入钢管的长度不应小于150mm。

021002 模架立杆顶部支设要求

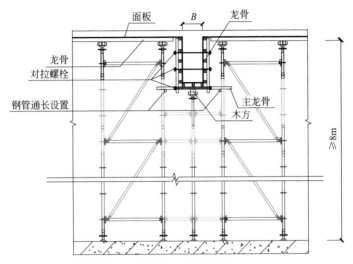

模架立杆顶部支设构造示意图

工艺说明

① 采用承插型盘扣式钢管脚手架作为高大模板支架时，脚手架模板支架可调底座伸出顶层水平杆悬臂长度严禁超过650mm，且丝杆外露长度严禁超过300mm，可调底座插入立杆长度不得小于150mm。

② 高大模板支架最顶层的水平杆步距应比标准步距缩小一个盘扣间距。

③ 模板支架可调底座调节丝杆外露长度不应大于300mm，作为扫地杆的最底层水平杆离地高度不应大于550mm，并应借助可调底座调节尽可能使扫地杆在一个高度上。当单肢立杆荷载设计值不大于40kN时，底层的水平杆步距可按标准步距设置，且应设置竖向斜杆，当单肢立杆荷载设计值大于40kN时，底层的水平杆应比标准步距缩小一个盘扣间距，且应设置竖向斜杆。

021003 水平、竖向剪刀撑

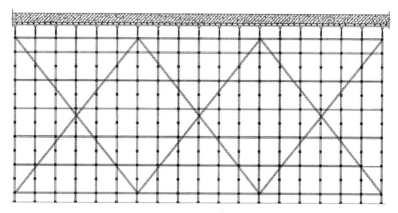

水平、竖向剪刀撑构造示意图

◆ **工艺说明**

　　① 脚手架外侧周边应连续设置竖向剪刀撑。

　　② 脚手架中间纵向、横向分别连续布置竖向剪刀撑，竖向剪刀撑间隔不应大于 6 跨，且不应大于 6m。剪刀撑的跨数不应大于 6 跨，且宽度不应大于 6m。

　　③ 水平剪刀撑应在架体顶部、扫地杆层连续设置。

　　④ 搭设高度大于 5m、施工荷载设计值大于 $10kN/m^2$ 或集中线荷载设计值大于 $15kN/m$ 时，应在竖向剪刀撑顶部及底部交点平面设置连续水平剪刀撑，水平剪刀撑间距不应大于 6m。剪刀撑跨数不应大于 6 跨，且宽度不应大于 6m。

021004 高大模板连墙件设置

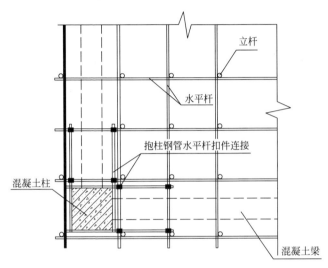

高大模板连墙件设置示意图

工艺说明

①当支架立柱高度超过5m时，应在立柱周圈外侧和中间有结构柱的部位，按水平间距6～9m、竖向间距2～3m与建筑结构设置一个固结点。

②连墙件可采用扣件式钢管与模板支撑架的立杆连接，连接钢管外伸应不少于两跨。

第十一节 • 铝合金模板

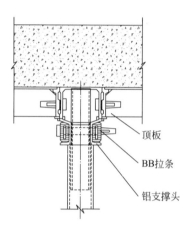

顶板

BB拉条

铝支撑头

铝合金顶板模板支撑做法示意图

铝合金顶板模板支撑现场图

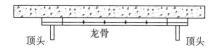

拆模前

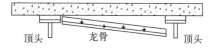

拆模后

铝合金顶板模板拆模前后对比示意图

可调钢支顶

铝合金顶板模板支撑杆件示意图

工艺说明

　　① 铝合金顶板模板支撑采用早拆体系,拆除顶板模板,保留早拆头及立杆。

　　② 支撑系统是独立式钢支撑,只用可伸缩微调的单支顶来支撑,立杆纵横间距不宜大于1.2m。

　　③ 安装完成后,应检查模板板面的标高,通过可调钢支顶调节高度。

021102 铝合金竖向模板支撑

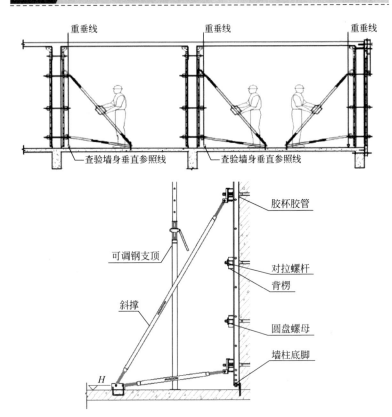

铝合金竖向模板支撑示意图

工艺说明

① 楼板浇筑时预埋可调支撑使用的固定件。

② 墙模板斜撑间距不宜大于2000mm，柱模板斜撑间距不宜大于700mm，柱截面尺寸大于400mm时，单边斜撑不应少于两根。

③ 安装过程中，墙拉杆位置处需要将胶杯胶管套住拉杆，两头穿过对应的模板孔位。

铝合金墙模板拉结措施

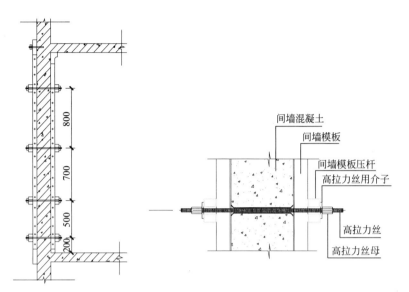

间墙混凝土
间墙模板
间墙模板压杆
高拉力丝用介子
高拉力丝
高拉力丝母

铝合金墙模板拉结措施示意图

铝合金墙模板拉结现场图

工艺说明

① 墙模板设置对拉螺栓，以固定模板和控制墙厚。

② 对拉拉杆纵横间距应根据设计计算确定。

③ 墙模板背面设置有背楞，间距应根据设计确定。

021104 铝合金梁模板

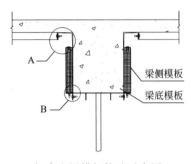

铝合金梁模板构造示意图

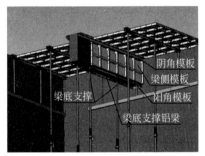

铝合金梁模板安装示意图

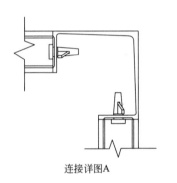

连接详图A

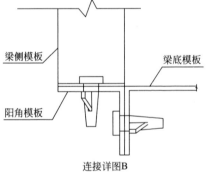

连接详图B

铝合金梁模板连接示意图

工艺说明

　　① 楼板、梁板模板应通过阴角连接件相连，并用卡扣紧固。

　　② 梁底模板需支顶于铝梁上，此处刚度加大，模板不易变形。

　　③ 根据设计计算，梁模板必要时需加设对拉螺栓；支撑数量、间距亦根据设计计算确定。

021105 铝合金墙柱模板根部处理

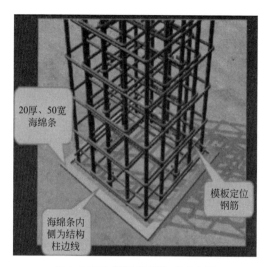

20厚、50宽海绵条

海绵条内侧为结构柱边线

模板定位钢筋

铝合金墙柱模板根部处理示意图

工艺说明

① 铝合金模板对墙柱根部混凝土平整度要求为 5mm 以内，超高处应剔除，过低处应用砂浆补平。

② 铝合金墙柱模板安装前应在根部先粘贴海绵条或用发泡胶等措施封堵。

③ 钢筋绑扎时应设置模板定位措施钢筋。

021106 铝合金模板顶板留洞

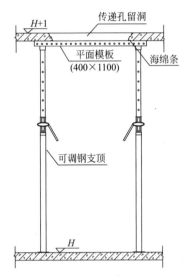

铝合金模板顶板留洞示意图

铝合金模板顶板留洞现场图

工艺说明

① 安装时应保证洞口模板与铝模板销钉锁紧。

② 模板顶板留洞不应设置于卫生间等预埋管线较多及有防水要求的部位。

021107 电梯井铝合金模板

电梯井铝合金模板安装现场图

工艺说明

　①电梯井、采光井模板顶部需用角钢或者槽钢加固，以保证电梯井模板刚度。

　②模板设置背楞及对拉螺栓，设置间距应根据模板设计确定。

第十二节 • 液压爬升模板

021201 液压爬升模板系统

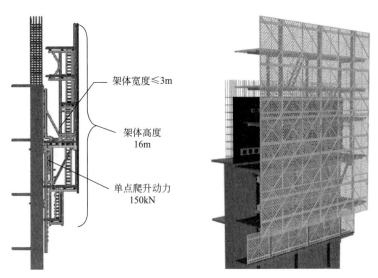

架体宽度≤3m

架体高度
16m

单点爬升动力
150kN

液压爬升模板系统构造示意图

工艺说明

① 液压爬升模板系统可自行爬升，全封闭防护，可与内爬塔、施工电梯机具配合使用。

② 液压爬升模板系统可覆盖四个半层高，有六层操作平台，上两层为绑筋操作平台；中间两层为支模操作平台；下层为爬升操作平台；最底层为拆卸清理维护平台。

③ 液压爬升模板系统具有可承重钢平台，绑筋操作平台及拆卸清理维护平台施工荷载限值为 $4kN/m^2$，支模操作平台施工荷载限值为 $1kN/m^2$。

021202 液压爬升导轨固定节点

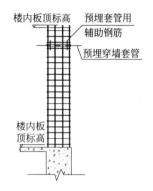

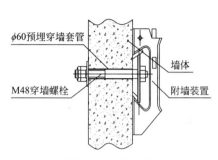

液压爬升导轨固定节点位置示意图　　　液压爬升导轨固定节点构造示意图

液压爬升导轨固定节点实物图

工艺说明

①液压爬升导轨固定系统包括穿墙螺栓、附墙装置、连接销轴。

②随结构施工预埋穿墙套管，预埋时除套管用辅助钢筋与墙体钢筋焊接固定外，还须将两套管之间用辅助钢筋进行焊接连接固定，当浇筑完混凝土且其强度达到10MPa时，方可安装附墙装置。

③导轨固定埋件位置设计时，尽量避开洞口，若无法避开，可采用槽钢做成可拆卸辅助支撑或在洞口内做钢筋混凝土柱体使上下连成整体，满足固定要求。

021203 液压爬升模板固定、退模节点

液压爬升模板固定、退模节点构造示意图

工艺说明

① 模板通过3道模板钩或螺栓与架体进行拉结固定。

② 开、合模及模板移动系统由水平移动滑车、调节支腿、液压支杆组成。

③ 水平移动滑车横梁与爬架体主梁上下位置错开安装，方便架体机位附着安装。

④ 水平移动滑车最大移动距离设计为750mm，当退出模板时，旋转调节支腿，使得整个模板支架稍倾斜一定角度，然后再进行退出模板，最大调节角度不超过45°。

第十三节 • 清水模板

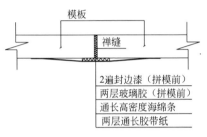

禅缝模板构造示意图

禅缝成形现场图

工艺说明

① 禅缝是指模板拼缝在混凝土表面留下的细小痕迹。

② 禅缝设置的原则为设缝合理、均匀对称、长宽比例协调。

③ 禅缝拼装缝的宽度根据禅缝要求的明暗程度进行设计，当深化设计要求禅缝的明暗度为似隐似现时，拼缝可控制在 0.3～0.5mm；当深化设计要求禅缝的明暗度为明显时，拼缝可控制在 0.5～0.8mm。

④ 禅缝水平方向交圈，竖向顺直有规律，不得出现断缝、错缝。

⑤ 禅缝的一般做法：拼模前模板刷 2 遍封边漆，涂玻璃胶。拼模处设置通长高密度海绵条和胶带纸。

021302 明缝模板

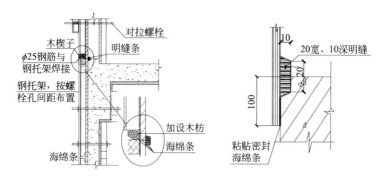

明缝模板构造示意图

明缝成形现场图

工艺说明

① 明缝是指模板上下连接和分段、分块连接的施工缝，应美观、协调、统一、对称。

② 明缝宜设置在楼层标高、窗台标高、窗过梁梁底标高、窗间墙边线或其他分格线位置处。

③ 明缝条可设在模板周边，也可设在面板中间。

④ 明缝条可选用截面呈梯形的硬木、铝合金等材料，并用螺栓固定在模板边框上。

⑤ 明缝位置在墙体阴、阳角处时，角模板和大模板分别压明缝条。

⑥ 明缝水平方向应交圈，竖向应顺直有规律。

021303 对拉螺栓

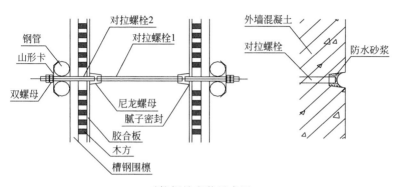

对拉螺栓安装示意图

（图中标注：对拉螺栓2、对拉螺栓1、钢管、山形卡、双螺母、尼龙螺母、腻子密封、胶合板、木方、槽钢围檩、外墙混凝土、对拉螺栓、防水砂浆）

对拉螺栓安装现场图

工艺说明

① 螺栓孔眼的排布应纵横对称、间距均匀，距构件边缘尺寸一致，穿墙螺栓应满足受力要求且同时满足设计要求。

② 穿墙套管外表面材质应光滑。

③ 螺母外衬橡胶垫片，避免漏浆。

④ 拆模后形成的孔洞应用防水砂浆抹成弧形，孔洞应具有装饰效果，均匀一致。

021304 穿墙套管组件

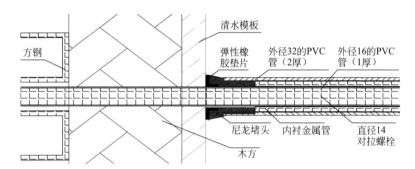

方钢

清水模板

弹性橡胶垫片

外径32的PVC管（2厚）

外径16的PVC管（1厚）

尼龙堵头　内衬金属管

直径14对拉螺栓

木方

穿墙套管组件构造示意图

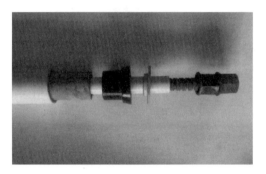

穿墙套管组件实物图

工艺说明

①穿墙套管组件由尼龙堵头、弹性橡胶垫片、外径32mm的 PVC 管（2mm 厚）、内衬金属管、外径 16mm 的 PVC 管（1mm 厚）及直径 14mm 对拉螺栓组成。

②设置弹性橡胶垫片，防止漏浆。

021305 假眼

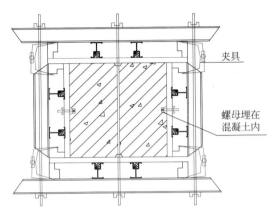

夹具

螺母埋在
混凝土内

假眼构造示意图

假眼现场图

工艺说明

　①假眼是在没有对拉螺栓的位置设置堵头而形成的有饰面效果的孔眼。

　②假眼根据实际要求，可选择不同直径的螺母或替代品定在模板面上。

021306 定位钢筋端头节点

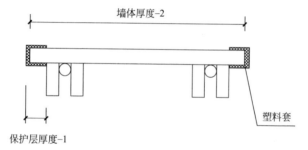

定位钢筋端头节点处理示意图

工艺说明

定位钢筋端头要套上与混凝土颜色相近的塑料套，以保证清水混凝土的效果良好。

021307 钢筋保护层控制

钢筋保护层控制垫块实物图

工艺说明

① 钢筋绑扎时绑丝向内弯折，不能接触模板，以免因绑丝外露造成锈斑。

② 采用十字卡扣式钢筋保护层尼龙垫块，避免出现漏筋及钢筋纹理等。

③ 因清水混凝土钢筋保护层厚度比普通混凝土大，为防止混凝土开裂，建议采用增加抗裂钢筋（纵横向均增加）的做法。

第十四节 ● 模板清理、养护及冬季保温措施

021401 模板清理

模板清理现场图

工艺说明

① 设置专人、专用工具对模板进行清理，并将清理模板作为一道工序验收。

② 完成"一磨（用打磨机磨去凸物）、一铲（用铁铲铲去污物）、一擦（用拖布擦洗板面）、一涂（用滚子涂刷脱模剂）"四道工序，尤其是模板的口角处，务必清理干净。

③ 模板清理合格后方能涂刷脱模剂，脱模剂宜选用专用脱模剂。

④ 钢模可采用机油加柴油按一定比例配制，比例一般为机油：柴油＝3：7 或 2：8（体积比）。

⑤ 木模板宜采用水性脱模剂。

⑥ 冬期施工、雨期施工不宜使用水性脱模剂。

⑦ 涂刷时以不流坠为准，且要均匀，无漏刷，模板吊装前应将浮油擦净。

021402 墙体大钢模板保温

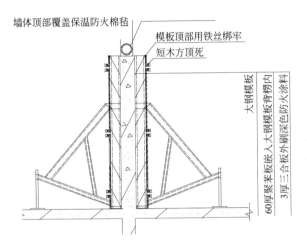

墙体顶部覆盖保温防火棉毡
模板顶部用铁丝绑牢
短木方顶死

大钢模板

大钢模板背楞内
60厚聚苯板嵌入大钢模板背楞内
3厚三合板外刷深色防火涂料

墙体大钢模板保温措施示意图

墙体大钢模板保温现场图

工艺说明

①墙体大钢模板外侧多采用聚苯板做保温，将聚苯板置于竖肋及背楞之间。

②大钢模板边缘部位和穿墙螺栓处的保温应加强，在螺栓四周聚苯板处可用丝绵塞严，以免形成冷桥。

③大钢模板拆模后发现有脱落、损坏的现象，应及时修补。

第十五节 • 人防工程模板

021501 人防附墙柱、连墙角柱模板

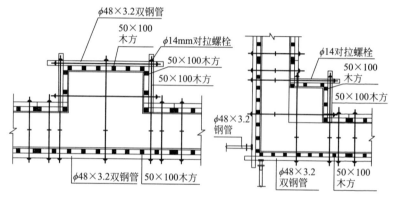

人防附墙柱、连墙角柱模板构造示意图

工艺说明

① 在安装模板前，清扫楼地面，在模板底口与楼面接触面的地方粘贴海绵条，海绵条应距模板内侧 3～5mm，防止其进入混凝土中。

② 支墙体模板时，先竖一侧模板，按位置线就位，插入穿墙螺栓，每竖一排模板应设置临时支撑，防止倾倒。

③ 安装完一侧模板后清扫墙体根部杂物，再安装穿另一侧墙模板，使穿墙螺栓穿过模板并在螺栓杆端安装扣件和螺母，然后固定斜撑，紧固全部穿墙螺栓的螺母。

第十六节 • 装配式结构模板

021601 预制竖向构件现浇暗柱节点模板

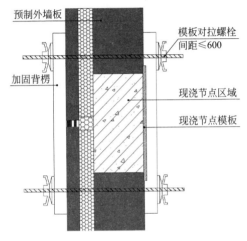

一形节点模板示意图

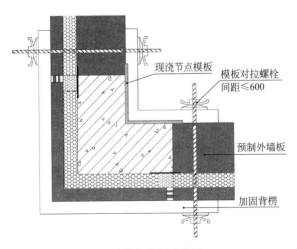

L形节点模板示意图

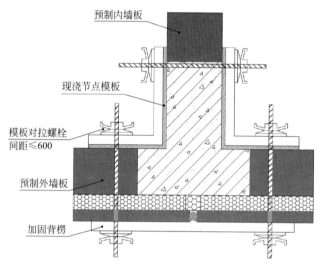

预制内墙板

现浇节点模板

模板对拉螺栓
间距≤600

预制外墙板

加固背楞

T形节点模板示意图

工艺说明

① 模板加工前应对主次龙骨及固定螺栓的型号、尺寸、间距等技术参数进行深化设计，绘制节点模板加工图。

② 预制构件深化设计时，穿墙孔洞位置与数量应根据模板加固时对拉螺栓设计需求确定。

③ 节点模板优先选用定形工具式模板，模板预留孔应提前留置，避免施工现场后开孔。

④ 节点模板与预制墙体结合部位企口应粘贴防漏浆海绵条，并沿高度方向全设置，海绵条应连续、完整。

021602 预制 PCF 墙板现浇暗柱节点模板

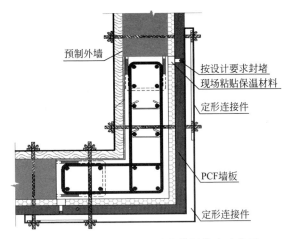

预制外墙

按设计要求封堵
现场粘贴保温材料
定形连接件

PCF墙板

定形连接件

预制 PCF 墙板现浇暗柱节点模板构造示意图

预制 PCF 墙板现浇暗柱节点模板安装现场图

工艺说明

① 节点模板优先选用定形工具式模板，模板预留孔应提前留置，避免施工现场后开孔。

② 预制 PCF 墙板外侧接缝位置应采用定形连接件与相邻预制墙体进行固定，使之形成受力整体。

③ 预制 PCF 墙板内侧宜采用铅丝等通过拉结件与节点钢筋连接固定，并与内侧模板或相邻构件连接牢固。

021603 预制叠合板间现浇板带节点模板

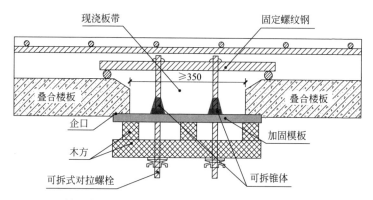

预制叠合板间现浇板带宽度≥350mm 节点构造示意图

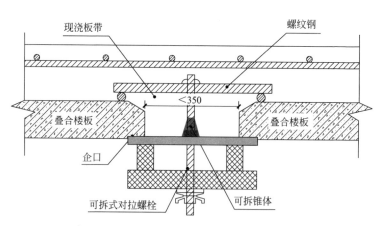

预制叠合板间现浇板带宽度＜350mm 节点构造示意图

预制叠合板间现浇板带底部模板安装现场图

预制叠合板间现浇板带顶部模板安装现场图

工艺说明

① 预制叠合板间现浇板带节点模板应优先选用定形工具式模板，模板宜采用吊模形式。

② 预制叠合板间现浇板带宽度≥350mm时宜采用两道加固螺栓固定，<350mm时可采用一道加固螺栓固定。

③ 模板与预制叠合板结合部凹槽内应设置防漏浆海绵条，并沿现浇板带长度方向全长设置。

021604 预制叠合板独立支撑体系

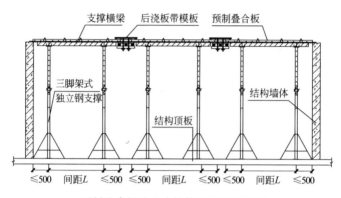

预制叠合板独立支撑体系构造示意图

预制叠合板独立支撑体系安装现场图

工艺说明

　　① 预制叠合板临时支撑体系宜采用工具式脚手架支撑体系。

　　② 临时支撑横梁应垂直于板构件长度方向布置，支撑间距及其与墙、柱、梁边的净距应经设计计算确定。

　　③ 施工期间预制叠合板竖向连续支撑层数不宜少于2层且上下层支撑应对齐。

021605 预制悬挑构件模板支撑体系

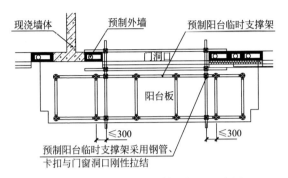

预制悬挑构件模板支撑体系构造示意图

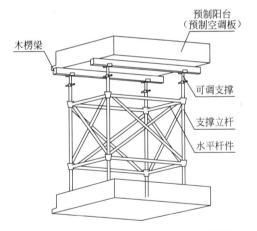

预制悬挑构件模板支撑体系三维示意图

工艺说明

　① 预制悬挑构件支撑的布置方式及参数应经计算后确定。

　② 支撑宜采用承插式、碗扣式脚手架进行架设，支撑部位须与结构墙体有可靠刚性拉接节点等构造措施。

　③ 预制悬挑构件底部竖向连续支撑层数不宜少于3层且上下层支撑应对齐。

第十七节 ● 数字化模板

021701 数字化模板深化

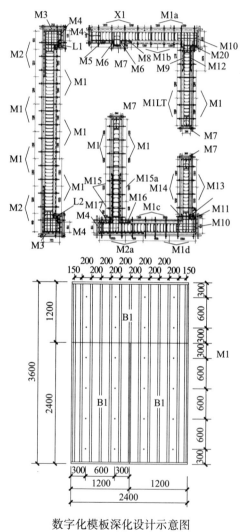

数字化模板深化设计示意图

数字化模板安装现场图

工艺说明

　　① 工艺流程为 BIM 模型建立→构件配模深化→运行程序的编写→数字化模板切割→拼装单元模板并验收→吊运至现场加固合模→浇筑混凝土→拆除。

　　② 构件板面尽量使用整板，降低模板损耗率，背楞选型和间距满足侧压力计算书的要求，合理、经济、安全地进行背楞排布，并满足主龙骨的排布要求；穿墙螺栓孔位置定位准确符合预定设计位置标准。

第三章 混凝土工程

第一节 ● 混凝土运输

030101 坍落度测试

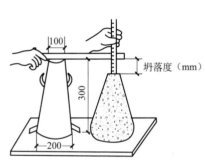

坍落度（mm）

坍落度测试方法示意图

坍落度测试现场图

工艺说明

① 混凝土泵连续作业时，每台混凝土泵所需配备的混凝土运输车台数应满足规范要求；冬期施工时，混凝土运输车应采取保温措施。

② 混凝土运至浇筑地点时，应进行坍落度测试，坍落度值应满足图纸及规范要求。

③ 对于不满足要求的混凝土一律退场，并做好记录。

④ 混凝土交货检验应在交货地点取样，交货检验试样应随机从同一运输车卸料量的 1/4～3/4 之间抽取。

030102 混凝土输送泵支设

地泵支设现场图　　　　　　　汽车泵支设现场图

工艺说明

① 混凝土输送泵的选型应根据工程特点、混凝土输送高度和距离、混凝土工作性质等因素综合确定。

② 混凝土输送泵的数量应根据混凝土浇筑量和施工条件确定。

③ 混凝土输送泵设置的位置应满足施工要求，场地应平整、坚实，道路应畅通。

④ 道路采用不低于C20的混凝土硬化，输送泵出口处用钢管搭设井字架或专用支架用以固定泵管。

030103 泵管支设

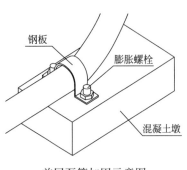

钢板

膨胀螺栓

混凝土墩

首层泵管加固示意图

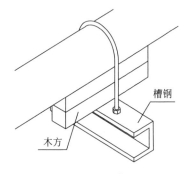

槽钢

木方

泵管加固示意图

泵管支设现场图

工艺说明

① 泵管应采用支架固定，支架应与结构牢固连接。

② 首层泵管宜设置混凝土墩固定。

030104 泵管布置

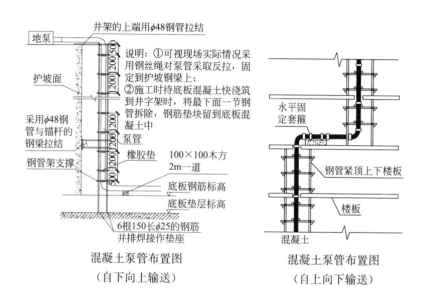

混凝土泵管布置图
（自下向上输送）

混凝土泵管布置图
（自上向下输送）

工艺说明

① 输送管道宜直，转弯宜缓，应按规定设定支点或固定，尤其是变径、变方向的泵管处应固定牢固（超高层混凝土输送见第八节）。

② 向上输送混凝土时，地面水平输送泵管的直管和弯管总的折算长度不宜小于竖向输送高度的 20%，且不宜小于 15m。

③ 输送泵管倾斜或垂直向下输送混凝土，且高差大于 20m 时，应在倾斜或竖向管下端设置直管或弯管，直管或弯管总的折算长度不宜小于高差的 1.5 倍。

030105 作业面泵管支设

作业面泵管支设现场图

工艺说明

① 浇筑作业面混凝土时，支点应支设在梁的支座处或墙体顶部。

② 底板混凝土浇筑时，水平泵管下部应有钢管或型钢做支撑。

③ 水平泵管下部应铺设柔性支撑材料。

030106 泵管穿楼板时竖向固定

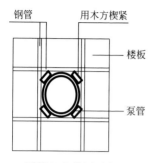

泵管竖向锚固示意图

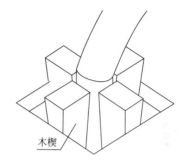

泵管穿楼板固定示意图

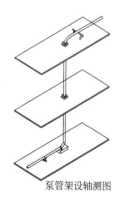

泵管架设轴测图

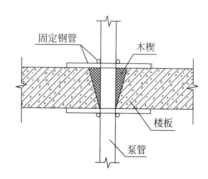

泵管穿楼板时竖向固定示意图

工艺说明

　　① 泵管穿楼板时宜在楼板上预留孔洞。

　　② 泵管穿楼板时应避开管道间、后浇带等特殊部位。

　　③ 泵管穿楼板处四周采用木方楔紧，防止对楼板造成损害。

030107 泵管支设水平固定

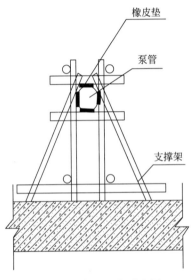

橡皮垫

泵管

支撑架

泵管支设水平固定示意图

工艺说明

① 输送泵管应采用支撑架固定。

② 泵管水平铺设固定时与结构楼板之间加设柔性材料，并采用钢管加固，以减缓对楼板的冲击。

030108 泵管水平管转向处与竖向管固定

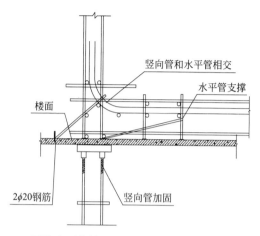

泵管水平管转向处与竖向管固定示意图

泵管水平管转向处与竖向管固定现场图

工艺说明

① 泵管水平管与竖向管相接部位用钢管固定牢固，泵管转向处支架应加密。

② 输送泵管及其支架应经常进行检查和维护。

030109 混凝土浇筑布料机支设

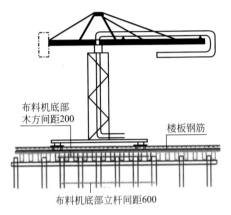

布料机底部
木方间距200

楼板钢筋

布料机底部立杆间距600

混凝土浇筑布料机支设示意图

混凝土浇筑布料机支设现场图

工艺说明

①混凝土浇筑布料机应安装牢固，且应采取抗倾覆稳定措施。

②混凝土浇筑布料机安装位置处的结构或施工设施应进行验算，必要时应采取加固措施。

③应经常对混凝土浇筑布料机的弯管壁厚进行检查，磨损较大的弯管应及时更换。

030110 混凝土浇筑布料斗设置

混凝土浇筑布料斗设置现场图

工艺说明

① 起吊混凝土浇筑布料斗时，应先进行试吊，观察混凝土浇筑布料斗受力及平衡情况，确认安全可靠后方可正式起吊。

② 混凝土浇筑布料斗下料时，下落速度应平缓，保证落点准确。

第二节 ● 混凝土浇筑

030201 墙柱水平施工缝铺底砂浆

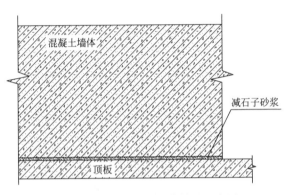

墙柱水平施工缝铺底砂浆做法示意图

墙柱水平施工缝铺底砂浆施工现场图

工艺说明

①墙柱混凝土浇筑前，先铺设不大于30mm厚与混凝土成分相同的减石子砂浆（搅拌无石子），防止产生脱层或麻面。

②砂浆铺放应掌握初凝时间，铺设厚度要均匀，宜用铁锹下料。

030202 墙体混凝土分层浇筑

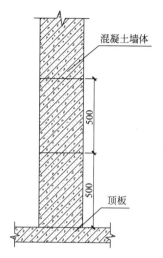

墙体混凝土分层浇筑示意图

墙体混凝土分层浇筑标尺杆设置现场图

工艺说明

① 浇筑混凝土时应分层进行，并规定其分层的厚度。

② 宜采用标尺杆检查分层厚度。

③ 混凝土分层浇筑高度不大于500mm。

④ 当分层浇筑高度为500mm一层时，标尺杆每隔500mm刷醒目标识线，测量时直立在混凝土上表面，以外露标尺杆标识线。

030203 柱混凝土分层浇筑

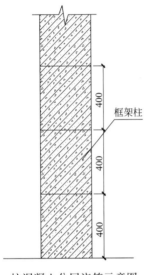

柱混凝土分层浇筑示意图

柱混凝土分层浇筑现场图

工艺说明

① 柱混凝土应分层浇筑，分层厚度应符合振动棒作用部分长度的 1.25 倍且不大于 400mm，上层混凝土应在下层混凝土初凝之前浇筑完毕。

② 浇筑前应根据柱混凝土规格计算出各柱的分层混凝土用量，用以控制每层浇筑时的混凝土量。

030204 底板混凝土分层浇筑

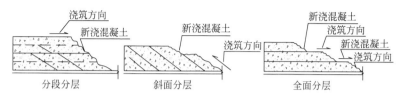

底板混凝土分层浇筑示意图

底板混凝土分层浇筑现场图

工艺说明

① 底板混凝土浇筑过程中，要严格控制间歇时间。

② 上层混凝土应在下层混凝土初凝之前浇筑完成，振捣上层混凝土时，振捣棒应伸入下层混凝土。

③ 混凝土分层浇筑应自然流淌形成斜坡，并应沿高度均匀上升，分层厚度不宜大于 500mm。

④ 超长大体积混凝土结构底板的浇筑应分仓进行，相邻仓的浇筑间隔时间不应少于 7d。

⑤ 超长大体积混凝土浇筑时应分层布料、分层振捣，采用斜坡推进法浇筑。

030205 梁柱节点核心区

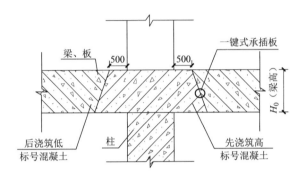

梁柱节点核心区做法示意图

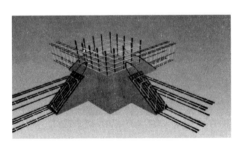

梁柱节点核心区做法三维示意图

工艺说明

① 梁柱节点核心区处混凝土强度等级相差 2 个及 2 个以上时，应在交接区域采取分隔措施。

② 分隔位置应在低强度等级的构件中，且距高强度等级构件边缘不应小于 500mm，或按设计要求执行；该处混凝土坍落度宜控制在 80～100mm。

③ 经设计同意后，可采取加腋、柱上下增加插筋等技术措施浇筑梁板同强度等级混凝土。

030206 串筒、溜管（槽）下料

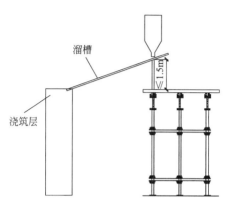

溜槽

≤1.5m

浇筑层

溜管（槽）下料示意图

串筒下料现场图

溜管（槽）下料现场图

工艺说明

①柱、墙、板混凝土浇筑时不得发生离析，当粗骨料粒径＞25mm时，浇筑倾落高度应≯3m；当粗骨料粒径≤25mm时，浇筑倾落高度≯6m。

②出料管口至浇筑层的倾落自由高度不能满足要求时，应加设串筒、溜管（槽）等装置。

030207 门窗洞口浇筑

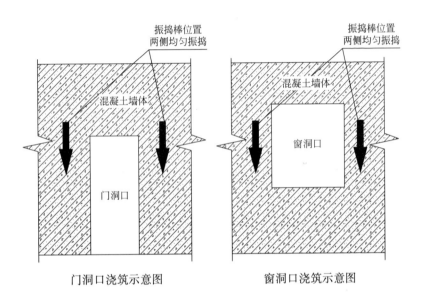

门洞口浇筑示意图   窗洞口浇筑示意图

工艺说明

① 浇筑门窗洞口处墙体时，应在门窗洞口两边均匀下料。

② 振捣棒应距离门窗洞口两边200mm处同时振捣。

030208 混凝土振捣

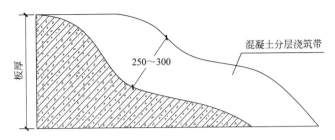

底部混凝土斜面分层浇筑示意图

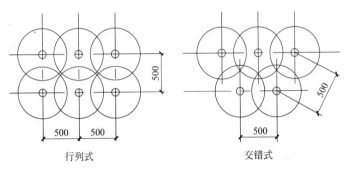

行列式 　　　　　　　交错式

混凝土振捣示意图

工艺说明

①混凝土按层分别进行振捣,振捣棒的前端应插入前一层混凝土中,插入深度不应小于50mm。

②振捣棒与模板的距离不应大于振捣棒作用半径的50%。

③振捣棒插点间距不应大于振捣棒作用半径的1.4倍。

④振捣棒插点要均匀排列,采用"行列式"或"交错式"的顺序移动,不应混用以免漏振。

⑤振捣棒移动间距以500mm为宜。

030209 混凝土抹面

大面积混凝土抹面现场图

墙体根部混凝土抹面现场图

工艺说明

① 混凝土浇筑后，在混凝土初凝前和终凝前，宜分别对混凝土裸露表面进行抹面处理。

② 为防止墙柱烂根，用木抹子将墙柱根部搓平，墙两边及柱四周高度应保持一致，为下一道支模工序创造条件。

030210 装配式结构连接套筒灌浆施工

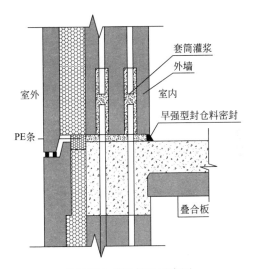

外墙封仓做法构造示意图

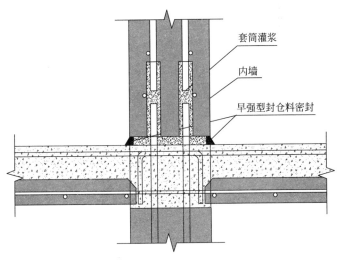

内墙封仓做法构造示意图

底部灌浆现场图

饱满度监测器现场图

工艺说明

　　① 预制竖向构件安装时应严格控制安装精度，确保空腔有效尺寸满足设计要求。

　　② 套筒灌浆前应按方案要求将空腔侧面封堵严密，确保不漏浆。

　　③ 严格按照操作规程做好灌浆料质量查验、配制、计量、搅拌、注浆等环节质量控制，在规定时间内完成注浆作业，注浆时应配备饱满度检测器。

　　④ 灌浆作业完成后应加强连接部位保护，灌浆料同条件养护试件抗压强度达到35MPa后，方可进行对接头有扰动的后续施工。

030211 叠合剪力墙空腔混凝土浇筑——纵肋叠合剪力墙

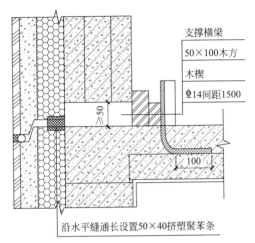

外墙模板安装节点构造示意图

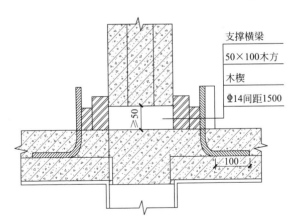

内墙模板安装节点构造示意图

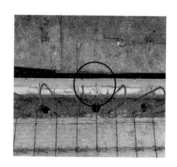

空腔位置标记现场图

空腔混凝土浇筑现场图

工艺说明

①纵肋叠合剪力墙空腔内宜采用自密实混凝土或细石混凝土，混凝土粗骨料最大粒径不应大于 20mm，坍落度宜为 200mm±20mm。

②混凝土布料应均衡，应连续逐个空腔浇筑混凝土，应随浇随振、不应漏振，应分层浇筑、分层振捣，每层的高度不应超过 1000mm，振捣时宜选用 30 型插入式振捣棒。

③混凝土浇筑时应控制好混凝土流速，防止流速过快造成浇筑孔内空气滞留形成孔洞，底部现浇结合层同竖向空腔同步浇筑密实。

④现浇混凝土浇筑完成后，外露混凝土应按规定进行养护。

030212 叠合剪力墙空腔混凝土浇筑——EVE 墙体

EVE 墙体施工现场图

EVE 墙体空腔混凝土浇筑现场图

工艺说明

① EVE 墙体空腔内宜采用自密实混凝土或细石混凝土进行浇筑，浇筑时应控制好混凝土流速，防止流速过快造成浇筑孔内空气滞留形成孔洞。

② EVE 墙体空腔混凝土浇筑前，应对每个空腔内部进行洒水湿润，空腔内部不得留有积水。

③ EVE 墙体空腔混凝土应分层连续浇筑，每层厚度不宜超过墙体高度的一半；混凝土应采用 30 型插入式振捣棒进行振捣。

④ 现浇混凝土浇筑完成后，外露混凝土应按规定进行养护。

030213 叠合剪力墙空腔混凝土浇筑——SPCS 墙体

SPCS 墙体施工现场图　　　　SPCS 墙体空腔混凝土
浇筑现场图

工艺说明

①SPCS 墙体空腔混凝土浇筑时应控制好混凝土流速，防止流速过快造成浇筑孔内空气滞留形成孔洞。

②SPCS 墙体空腔混凝土浇筑前，应对空腔内部进行洒水湿润，空腔内部不得留有积水。

③SPCS 墙体空腔混凝土应分层连续浇筑，每层厚度不宜超过墙体高度的一半；混凝土应采用 30 型插入式振捣棒进行振捣。

④现浇混凝土浇筑完成后，外露混凝土应按规定进行养护。

030214 叠合剪力墙空腔混凝土浇筑——EMC墙体

EMC墙体施工现场图　　　　EMC墙体空腔混凝土浇筑现场图

工艺说明

①EMC墙体后浇混凝土应分层浇筑，每层浇筑高度不应大于墙板高度的一半，且不应大于1.8m。

②混凝土浇筑时应连续逐孔浇筑，并逐孔随浇随振，振捣棒应插入后浇混凝土底部，在下层混凝土初凝之前完成上层混凝土浇筑和振捣。

③上层混凝土振捣过程中，振捣棒应插入下层混凝土内不小于150mm，并应在振捣棒相应位置做好标记控制振捣棒的振捣深度。

④振捣作业时，宜选用30型振捣棒，振捣时应快插慢拔，并采取逐孔振捣的方式，按序振捣，不应漏振。

030215 叠合板混凝土浇筑

叠合板混凝土浇筑现场图

工艺说明

　　① 混凝土浇筑宜按先竖向构件、后水平构件的浇筑顺序进行；建筑区域结构平面有高差时，宜先浇筑低区部分，再浇筑高区部分。

　　② 相邻构件混凝土强度等级存在级差时，使用镀锌钢丝网进行分隔，宜先浇强度等级高的混凝土，后浇筑强度等级低的混凝土。

　　③ 叠合构件与现浇构件交接处混凝土应加密振捣点，并适当延长振捣时间。

　　④ 叠合板混凝土施工时应保证混凝土的均匀性和密实性。混凝土宜一次连续浇筑；当不能一次连续浇筑时，可留设施工缝或后浇带分块浇筑。

第三节 ● 混凝土施工缝

030301 基础导墙施工缝

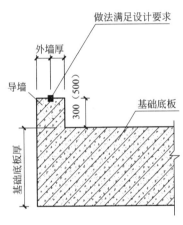

基础导墙施工缝留置位置示意图

工艺说明

　　基础导墙施工缝应留在高出底板表面≥300mm的墙上（跳仓法施工、人防工程≥500mm）。

030302 地下室外墙防水混凝土水平施工缝

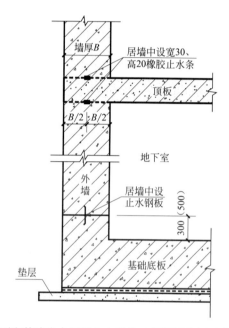

地下室外墙防水混凝土水平施工缝留置位置示意图

工艺说明

① 基础底板导墙以上部位地下室外墙防水混凝土水平施工缝分别留设在板下和板上。

② 水平施工缝浇筑混凝土前，应将其表面浮浆和杂物清除，然后铺设净浆或涂刷混凝土界面处理剂、水泥基渗透结晶型防水涂料等材料，再铺30～50mm厚的1:1水泥砂浆，并应及时浇筑混凝土。

③ 遇水膨胀止水条（胶）应与接缝表面密贴。

030303 墙柱水平施工缝

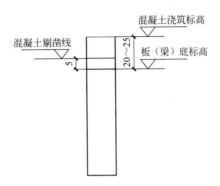

墙柱水平施工缝的留置示意图

墙体放线现场图

施工缝剔凿现场图

工艺说明

　①墙柱水平施工缝宜留在楼板底面以上25～30mm（含20～25mm的软弱层）处。

　②剔除软弱层后，水平施工缝应处在楼板底面以上5mm处。

030304 楼板施工缝

楼板施工缝处理现场图

工艺说明

① 一般情况下，楼板施工缝宜留在楼板跨中 1/3 范围内。

② 单向板施工缝可留设在与跨度方向平行的任何位置。

030305 墙体竖向施工缝

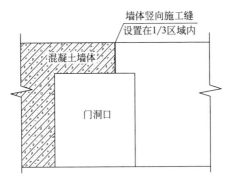

墙体竖向施工缝留置位置示意图

墙体竖向施工缝留置现场图

工艺说明

　　① 墙体的竖向施工缝宜留置在门洞口过梁跨中1/3范围内，也可留置在纵横墙交接处。

　　② 竖向施工缝浇筑混凝土前，应将其表面清理干净，再涂刷混凝土界面处理剂或水泥基渗透结晶型防水涂料，并应及时浇筑混凝土。

030306 框架结构楼梯施工缝

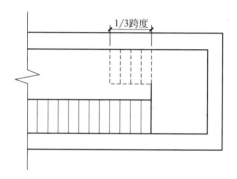

框架结构楼梯施工缝留置位置示意图

施工缝留置位置

框架结构楼梯施工缝留置现场图

工艺说明

框架结构两侧无剪力墙的楼梯施工缝，留置在楼梯上跑自休息台往上＞1/3 的位置。

030307 剪力墙结构楼梯施工缝

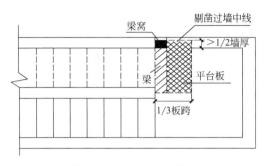

剪力墙结构楼梯施工缝留置位置示意图

剪力墙结构楼梯施工缝留置现场图

> **工艺说明**
> ① 楼梯施工缝宜设置在休息平台自踏步向外＞1/3处。
> ② 楼梯梁应设入墙≥1/2墙厚的梁窝。

030308 梁窝留设

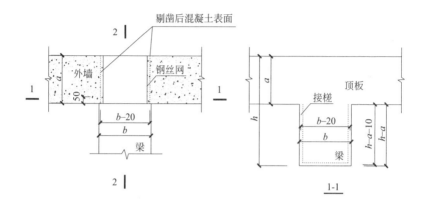

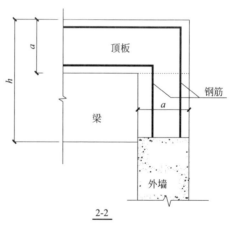

梁窝留设示意图

梁窝留设现场图

工艺说明

　　① 外墙施工缝宜留置至板底，梁的位置留设梁窝。

　　② 施工缝处加钢丝网，梁的位置可用聚苯板填塞预留部位。

030309 楼板后浇带施工缝

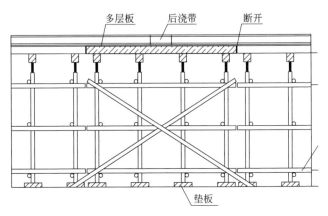

后浇带模板独立支设示意图

后浇带施工现场图

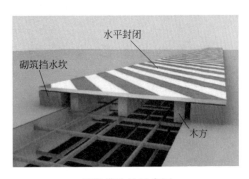

后浇带防护示意图

◆ **工艺说明**

　　① 后浇带两侧混凝土浇筑后，侧面木条挡板或钢板网应及时取出，清理后对后浇带部位采取封闭措施。

　　② 后浇带浇筑前，应对施工缝进行处理。

030310 水平施工缝处理

水平施工缝剔凿现场图

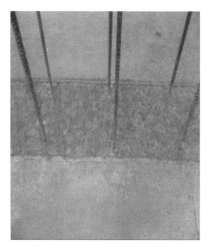

水平施工缝处理效果现场图

工艺说明

① 外露钢筋所沾灰浆应清刷干净。

② 水平施工缝处浮浆及软弱混凝土等应剔凿并清理到位，应充分湿润。

③ 浇筑混凝土前，应在施工缝处铺一层厚度为 30～50mm，与混凝土内成分相同的水泥砂浆，以保证接缝平实。

（1）墙下部水平施工缝剔凿

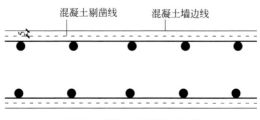

墙下部水平施工缝剔凿示意图

墙下部水平施工缝剔凿现场图

工艺说明

　　墙下部水平施工缝应距墙边线 5mm 内弹一道切割线，沿线用无齿锯进行切割，切割深度为 5mm。

（2）柱下部水平施工缝剔凿

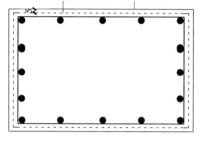

柱下部水平施工缝剔凿示意图

柱下部水平施工缝剔凿现场图

工艺说明

　　柱下部水平施工缝应距柱边线 5mm 内弹一道切割线，沿线用无齿锯进行切割，切割深度为 5mm。

（3）墙柱顶面水平施工缝剔凿

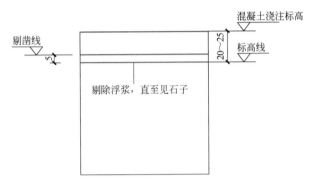

墙柱顶部水平施工缝剔凿示意图

墙柱顶部水平施工缝剔凿现场图

工艺说明

　　墙柱顶面水平施工缝应按标高线往上 5mm 再弹一道切割线，沿线用无齿锯进行切割，切割深度为 10mm。

030311 竖向施工缝处理

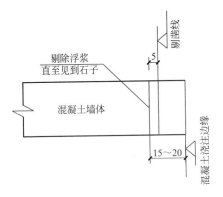

竖向施工缝处理示意图

竖向施工缝处理效果现场图

工艺说明

墙、板、楼梯竖向施工缝均应弹线,沿线用无齿锯切割,切割深度为5~10mm。

030312 跳仓法施工分仓设置

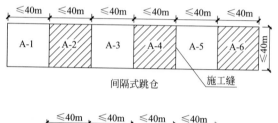

间隔式跳仓

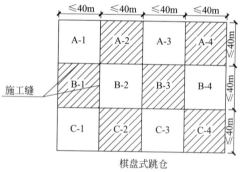

棋盘式跳仓

跳仓平面布置方式示意图

工艺说明

①基础筏板应根据其面积及大小沿纵向和横向分仓，仓格间距不宜大于40m，分仓超过40m时应通过温度收缩应力计算后确定尺寸；跳仓平面采用间隔式跳仓或棋盘式跳仓布置。

②地下室外墙采用跳仓法施工时，其仓格长度不宜大于40m。

③地下室顶板采用跳仓法施工时，纵向和横向分仓长度不宜大于40m。

030313 跳仓法施工底板竖向施工缝

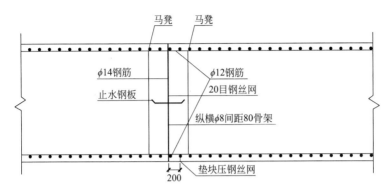

底板竖向施工缝构造示意图

底板竖向施工缝施工现场图

工艺说明

① 底板竖向施工缝应采用 $\phi6$ 或 $\phi8$ 双向方格（80mm×80mm）骨架，用20目钢丝网封堵混凝土。

② 底板竖向施工缝应按设计要求进行防水处理，防水做法及安装质量等应满足设计及相关规范要求。

③ 施工缝设止水钢板时，骨架及钢板网上下应断开，保持止水钢板的连续贯通。

第四节 ● 混凝土试件

030401 混凝土试块制作

混凝土试块制作现场图

工艺说明

　　① 混凝土试块制作前应对试模质量进行查验，合格后方可使用。

　　② 混凝土试块取样应在混凝土的浇筑地点随机抽取，并在建设单位或监理单位的监督下进行。

　　③ 将混凝土拌合物一次性装入试模，装料时应用抹刀沿试模内壁插捣，并使混凝土拌合物高出试模上口。

　　④ 试模应附着或固定在振动台上，振动时应防止试模在振动台上自由跳动，振动应持续到表面出浆且无明显大气泡溢出为止，不得过振。

　　⑤ 试件成形后刮除试模上口多余的混凝土，待混凝土临近初凝时，用抹刀沿着试模口抹平，试件表面与试模边缘的高度差不应超过 0.5mm。

030402 装配式灌浆料试件制作

装配式灌浆料试件制作现场图

工艺说明

① 灌浆料抗压强度试件制作前应对试模质量进行查验，合格后方可使用。

② 灌浆料抗压强度试件制作应在建设单位或监理单位的监督下进行。

③ 灌浆料抗压强度试件尺寸应按 40mm×40mm×160mm 尺寸制作，其加水量应按灌浆料产品说明书确定，试件应按标准方法制作、养护。

030403 混凝土试块标识

混凝土试块标识现场图

混凝土试块存放现场图

工艺说明

① 混凝土试件应有唯一性标识，并按照取样时间顺序连续编号，不得空号、重号。

② 试件标识至少应包括试件编号、强度等级、制取日期信息；标识应字迹清楚、附着牢固。

030404 混凝土试块标准养护

混凝土试块养护现场图

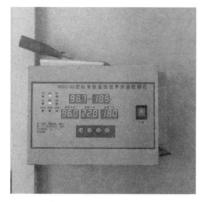

温湿度自动控制仪实物图

工艺说明

① 混凝土标准养护试件在施工现场试验室制作完成后，应在温度为 20℃±5℃ 的环境中静置 1～2 个昼夜后拆模、设置标识。

② 拆模后，应立即放入温度为 20℃±2℃、相对湿度为 95% 以上的标准养护室或养护箱中养护。

③ 标准养护室或养护箱中放温湿度计，每天至少测量 2 次温湿度，并进行记录。

030405 常温下混凝土试块同条件养护

常温下混凝土试块同条件养护现场图

工艺说明

①常温下同条件养护的混凝土试块应放置在靠近相应结构构件或结构部位的适当位置（放在加锁的钢筋笼内防止丢失）。

②应采取与实体相同的养护方法。

030406 冬期施工期间混凝土试块同条件养护

冬期施工期间混凝土试块同条件养护现场图

工艺说明

① 冬期施工期间留置的同条件养护的混凝土试块，应放置在靠近相应结构构件或结构部位的适当位置。

② 应采取与实体相同的养护和保温方法。

030407 高温期间混凝土试块同条件养护

高温期间混凝土试块同条件养护现场图

工艺说明

① 高温期间留置的同条件养护的混凝土试块，应放置在靠近相应结构构件或结构部位的适当位置。

② 应采取与实体相同的养护和保湿方法。

第五节 • 混凝土养护

030501 墙体保水养护

墙体保水养护现场图

墙体养护做法现场图

工艺说明

① 墙体保水养护可采取在混凝土裸露表面覆盖塑料薄膜或塑料薄膜加麻袋片的方式。

② 塑料薄膜应紧贴混凝土面，塑料薄膜内应保持有凝结水。

030502 框架柱保水养护

框架柱保水养护现场图

工艺说明

① 框架柱保水养护可采取在混凝土裸露表面覆盖塑料薄膜或塑料薄膜加麻袋片的方式。

② 塑料薄膜应紧贴混凝土面，塑料薄膜内应保持有凝结水。

030503 楼板保水养护

楼板保水养护现场图

工艺说明

① 楼板保水养护可采取在混凝土裸露表面覆盖塑料薄膜或塑料薄膜加麻袋片的方式。

② 塑料薄膜应紧贴混凝土面，塑料薄膜内应保持有凝结水。

030504 洒水养护

竖向构件洒水养护现场图

水平构件洒水养护现场图

工艺说明

① 洒水养护可采用直接洒水或蓄水等养护方式。

② 洒水养护应保证混凝土表面处于湿润状态。

030505 底板大体积混凝土养护

底板大体积混凝土洒水养护现场图

底板大体积混凝土覆盖薄膜现场图

工艺说明

① 底板大体积混凝土应进行保温保湿养护，在每次混凝土浇筑完毕后，除应按普通混凝土进行常规养护外，尚应及时按温控技术的要求进行保温养护。

② 保湿养护宜采取在底板大体积混凝土裸露表面覆盖塑料薄膜、塑料薄膜加麻袋片、塑料薄膜加草帘的方式。

③ 当混凝土浇筑体表面以内 40～100mm 位置的温度与环境温度的差值小于 25℃时，可结束覆盖养护。

④ 覆盖养护结束但尚未达到养护试件要求时，可采用洒水养护方式直至养护结束。

030506 墙体带模养护

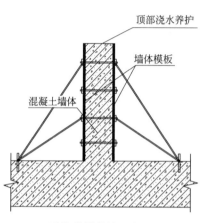

墙体带模养护示意图

墙体带模养护现场图

工艺说明

① 墙体带模养护时间不应少于3d，带模养护结束后，可采用洒水养护方式继续养护，也可采用覆盖养护或喷涂养护剂的养护方式继续养护。

② 墙体拆模时间不应早于带模养护时间，且墙体混凝土强度应能达到保证其表面及棱角不因拆除模板而受损，拆模时间应根据混凝土的强度等级、环境温度或通过同条件养护试块进行控制。

第六节 ● 混凝土保温与测温

030601 冬期施工混凝土泵管保温

泵管
保温材料
塑料布包裹

冬期施工混凝土泵管保温示意图

冬期施工混凝土泵管保温现场图

工艺说明

① 混凝土泵管应用防火保温被包裹保温。

② 表层外包塑料布封严作为防潮保温层，减少混凝土热量损失，保证混凝土有较高入模温度。

030602 高温施工混凝土泵管覆盖

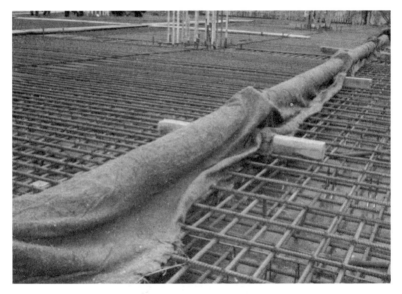

高温施工混凝土泵管覆盖现场图

工艺说明

① 混凝土输送管应用隔热材料进行遮阳覆盖。

② 必要时泵管可洒水降温。

030603 冬期施工门窗封闭养护

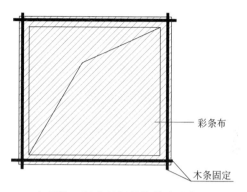

彩条布

木条固定

冬期施工门窗封闭养护做法示意图

冬期施工门窗封闭养护现场图

工艺说明

① 混凝土强度在未达到受冻临界强度前，层门窗洞口需临时封闭。

② 通常采用彩条布等材料封闭，并用木条固定，防止热量流失。

030604 墙体大钢模板保温

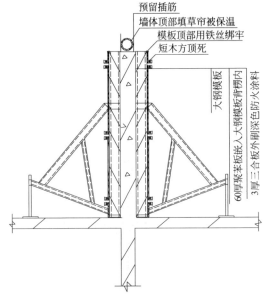

墙体大钢模板保温示意图

墙体大钢模板保温做法现场效果图

工艺说明

① 墙体大钢模板外围多数采用聚苯板做保温，将聚苯板置于竖肋及背楞之间，聚苯板不得损坏。

② 注意大钢模板边缘部位和穿墙螺栓处的保温构造，在螺栓四周聚苯板处可用丝绵塞严，以免形成冷桥。

030605 柱模板保温

柱模板保温做法现场效果图

工艺说明

① 钢柱模板可采用聚苯板保温。

② 木柱模板可采用在模板外绑扎草帘被的方式（聚苯板和草帘被的具体厚度通过热工计算确定）进行保温。

030606 墙柱混凝土实体保温

墙柱混凝土实体保温做法现场图

工艺说明

　　① 墙柱模板拆除后，混凝土的表面温度与环境温度之差大于20℃时，应采用保温材料覆盖养护。

　　② 保温材料接缝部位应严密、牢固，防止温度损失。

030607 楼板混凝土实体保温

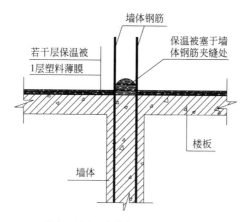

墙体钢筋

保温被塞于墙
体钢筋夹缝处

若干层保温被

1层塑料薄膜

楼板

墙体

楼板混凝土实体保温做法示意图

塑料薄膜覆盖现场图

保温材料覆盖现场图

工艺说明

① 楼板保温通常采用1层塑料薄膜和若干层保温被（具体厚度和层数需通过热工计算确定），塑料薄膜起到保湿和保温双重作用，保温被主要为保温作用。

② 保温被铺设时应相互搭接。

③ 墙体钢筋之间的空隙是保温覆盖容易忽略的部位，应重点控制。

030608 墙体插筋部位保温

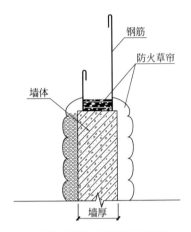

墙体插筋部位保温做法示意图

墙体插筋部位保温现场图

工艺说明

①墙体插筋部位是冬期施工保温的薄弱部位，应采用保温材料对裸露表面覆盖并保温。

②对边、棱角部位的保温层厚度应增大到面部位的2～3倍，保温材料的厚度应经计算确定。

030609 冬期施工混凝土浇筑测温

普通温度计测温现场图

电子温度计测温现场图

工艺说明

①混凝土出罐时要测试其温度，冬期施工混凝土出罐温度不宜小于10℃，入模温度不应低于5℃。

②采用电子温度计时，其应经检测合格后使用。

030610 大体积混凝土测温

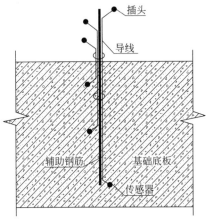

测温线放置位置示意图

测温数据读取现场图

工艺说明

①大体积混凝土应测量构件上、中、下等不同部位的温度。

②传感器借助辅助的钢筋固定，沿混凝土浇筑体厚度方向布置，必须布置外面、底面和中层温度测点，其余测点宜按测点间距不大于600mm布置，并用塑料布缠裹，避免浇筑混凝土时污染。

③应注意传感器与辅助钢筋间用绝热材料隔开，防止钢筋导热造成测温不准。

030611 冬期施工混凝土测温

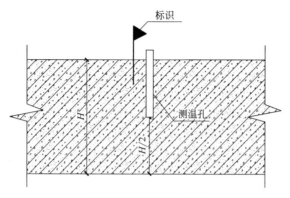

测温孔设置位置示意图

测温数据读取现场图

工艺说明

① 一般冬期施工混凝土测温时，可以用埋设测温孔的方式。

② 测温孔采用铁皮或薄壁钢管等制作，于初凝前插入混凝土中。

③ 测温时，可用电子温度计的探针或玻璃温度计插入测温孔内，并封堵测温孔上端，3min后读取温度数值。

④ 当采用温度传感器测温时，将外露的导线插头插入电子温度计，当读数稳定后，即可读取温度数值。

第七节 • 混凝土成品保护

030701 楼板洞口防护

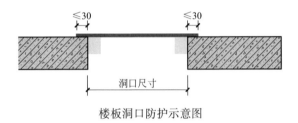

楼板洞口防护示意图

楼板洞口防护盖板做法示意图

工艺说明

①300mm以下的孔洞成品防护盖板，应采用现场材料自行加工制作、固定牢固。

②防护盖板表面应有警示标识，当为正方形洞时，为红白对角标识；当为长方形洞口时，为红白相间标识，色带间隔宜为40mm。

③防护盖板尺寸至少比洞口尺寸周边大30mm，在板底紧贴洞口内壁位置安装木方定位块，卡固在洞口内，防止移动。

030702 楼梯踏步防护

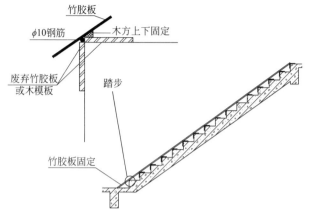

竹胶板
ϕ10钢筋
木方上下固定
废弃竹胶板
或木模板
踏步
竹胶板固定

楼梯踏步防护做法示意图

楼梯踏步防护现场图

工艺说明

① 楼梯踏板可采用废旧的竹胶板或木模板防护。

② 楼梯角处可采用 ϕ10 的钢筋防止破损。

030703 门窗洞口、墙柱阳角成品保护

窗洞口成品保护现场图

墙柱阳角成品保护现场图

门洞口成品保护现场图

工艺说明

　　① 门窗洞口、预留洞口、墙柱阳角在表面养护剂干后采用废旧的竹胶板、木模板做护角或采用成品护角模具防护。

　　② 防护用材料应安装在主要通道及易碰撞区域的墙柱等部位。

030704 降板口防护

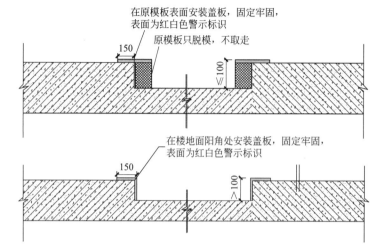

降板口防护做法示意图

降板口防护装置示意图

工艺说明

①当降板口高度≤100mm时，阳角模板采取只脱模不拆除的方式进行原位防护。

②当降板口高低差＞100mm时，采用L形防护材料（150mm×降板高度）进行原位防护。

030705 特殊部位处理

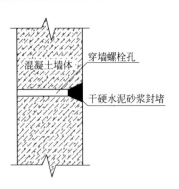

穿墙螺栓孔封堵做法示意图

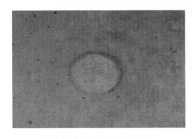

圆形孔洞封堵现场图

方形孔洞封堵现场图

工艺说明

① 有防水要求的穿墙螺栓孔，螺栓孔封堵前需先将外侧孔扩成"喇叭口"形状，对螺栓孔冲洗湿润后填塞加微膨胀剂的干硬水泥砂浆封堵密实，边口与墙面平齐，待外侧封堵料干燥后，刷防水涂料，涂刷表面成圆形或方形。

② 无防水要求的穿墙螺栓孔，应清理孔内垃圾并洒水湿润孔内后，填塞加微膨胀剂的干硬水泥砂浆封堵密实，边口与墙面平齐。

③ 装配式预制墙板预留洞内部注射发泡密封胶，在表层50mm范围内填塞干硬水泥砂浆，外墙外侧孔洞处涂刷聚氨酯防水。

030706 装配式预制构件运输保护

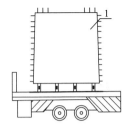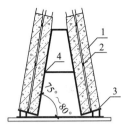

1—装配式预制构件；2—木方；3—橡胶垫块；4—专用插架

装配式预制构件运输保护示意图

竖向装配式预制构件运输保护现场图　　水平装配式预制构件运输保护现场图

▶ 工艺说明

① 应根据装配式预制构件种类采取可靠的固定措施，避免装卸车运输过程中发生车辆倾覆、预制构件变形和移位。

② 外墙板应采取直立运输方式，插放架应有足够的承载力和刚度；梁、板、楼梯、阳台等构件宜采用水平运输方式。

③ 预制墙板采用靠放架直立运输时，靠放架斜面与水平夹角宜大于 75°～80°，并应支垫稳固。外饰面层应朝外，墙板宜对称靠放，构件应对称靠放，每侧构件不大于 2 层，构件层间上部采用木垫块隔离。

④ 采用叠层平放的水平方式运输构件时，应采取防止构件产生裂缝的措施。板类构件叠放不宜超过 6 层。

030707 装配式预制构件存放保护

装配式预制构件存放保护现场图

装配式预制构件底部保护现场图　　装配式预制构件角部保护现场图

工艺说明

① 装配式预制构件存放场地应进行硬化处理，场地应平整、坚实，并应采取良好的排水措施。

② 预制墙板宜采用背靠架堆放，也可采用插放架直立堆放、联排插放架堆放，预制外墙板宜对称靠放、饰面朝外构件上部宜采用木垫块隔离。

③ 堆放工具或支架应有足够的承载力和刚度，并支垫稳固，且与地面倾斜角度不宜小于80°。

④ 构件堆放时，构件下方应用木方垫起，不应直接落地堆放。

第八节 • 超高层混凝土

030801 首层泵管支设

首层泵管连接处支设现场图

首层泵管转角处支设现场图

首层泵管支设现场图

工艺说明

① 选择高强度耐磨输高压泵管。

② 一般设置长度为垂直泵送高度 $1/5 \sim 1/4$ 的地面水平管道及若干弯管。

③ 超高层工程首层泵管采用混凝土墩固定。

④ 泵管转弯处增设固定点。

030802 竖向泵管支设

竖向泵管转角处现场图

竖向泵管支设现场图

工艺说明

① 竖向输送的泵管应与结构牢固连接，每根竖向泵管应有两个或两个以上固定点。

② 竖向泵管下端的弯管不应作为支撑点使用。

030803 截止阀设置

截止阀设置现场图

工艺说明

① 竖向泵送高度超过 100m 时，需在泵的出口部位和竖向泵管的最前段各安装一套液压截止阀。

② 水平管路的截止阀方便管道清洗废水残渣回收。

③ 竖向管路起点处的截止阀防止混凝土回流。

030804 缓冲弯管设置

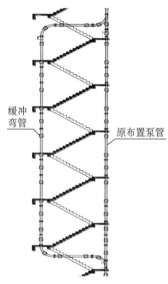

缓冲弯管

原布置泵管

缓冲弯管设置示意图

缓冲弯管设置现场图

工艺说明

竖向泵管每间隔100m左右设置一个缓冲弯管，减少竖向泵管内混凝土对泵送设备的冲击。

030805 管道清洗

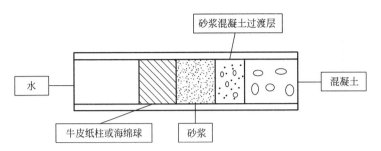

水洗管道原理示意图

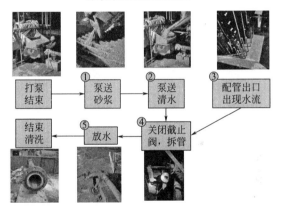

管道清洗流程图

工艺说明

① 混凝土浇筑完毕后向泵斗内放入 $2\sim3m^3$ 同强度等级砂浆继续泵送。

② 砂浆泵送完毕后，关闭水平管处截止阀，打开泵斗底部卸料阀，将泵斗内余料放净后将牛皮纸柱或海绵球塞入泵管。

③ 关闭卸料阀，泵斗内放满水，打开截止阀继续向上泵送。

④ 待顶部混凝土全部泵送出管道后，将砂浆泵入预先放好的废料斗中，待海绵球泵出后停止泵送，关闭截止阀。

030806 布料系统

布料机施工现场图

布料机安装现场图

工艺说明

① 布料机安装在顶板上，随楼层上升而提升。

② 塔身自由高度根据钢构件分节高度、塔式起重机高度、爬模等因素综合选择。

③ 根据布料机塔身尺寸确定预留洞口宽度，做好相应结构支撑，布料机支腿与洞口间隙采用木方塞紧。

030807 钢板混凝土组合剪力墙混凝土浇筑

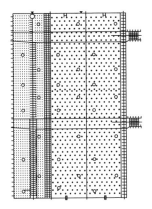

流淌孔设置示意图

流淌孔设置现场图

工艺说明

① 混凝土流淌孔的直径应在 140～160mm，流淌孔优选直径为 150mm；相邻流淌孔间距为 1200～1800mm，优选孔距为 1500mm，流淌孔的布置形式为梅花形。

② 在剪力墙钢板上开设混凝土流淌孔，钢板削弱截面积占总面积的比例控制在 15% 以内，并在开口处采用钢板补强。

③ 采用自密实混凝土，要求混凝土扩展度达到 650～700mm。

④ 浇筑时分层并从钢板两侧浇筑。

030808 钢管混凝土顶升单向阀、截止阀

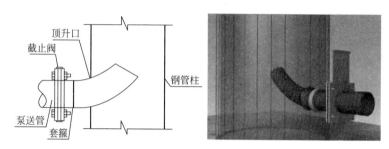

顶升孔及截止阀示意图

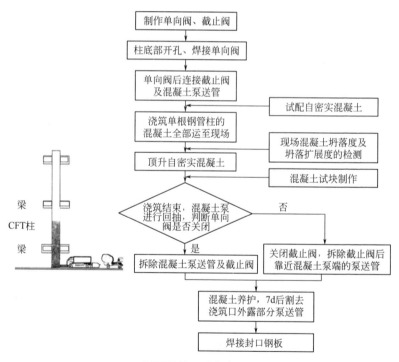

钢管混凝土顶升流程图

工艺说明

①需采用泵送顶升法浇筑柱心混凝土，应在钢管柱顶部钢板中间设置排气孔，直径大于80mm（车间制作完成）。

②在钢管柱下部接口连接管上，设置截止阀，防止混凝土倒流。

③管道连接的端头部位用专用高压卡具连接。

④混凝土浇筑顶升之前，注浆管上的孔洞用胶皮覆盖，并用管卡子卡紧，防止漏浆。

⑤泵送混凝土，除满足设计强度要求外，还需具有良好的可泵性，混凝土坍落度宜大于220mm。

030809 钢管混凝土高抛浇筑

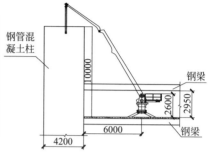

钢管混凝土高抛浇筑示意图

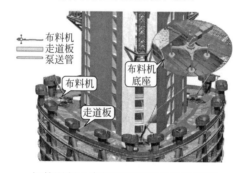

钢管混凝土高抛浇筑施工做法示意图

工艺说明

① 浇筑时管内不得有杂物和积水，先浇筑一层100～200mm厚与混凝土强度等级相同的水泥砂浆，以防止自由下落的混凝土粗骨料产生飞溅。

② 当抛落高度不足时，需进行振捣。管外配合人工木槌敲击，根据声音判断是否密实。

③ 除最后一节钢管柱外，每段钢管柱的混凝土只浇筑到离钢管顶端500mm处。

④ 除最后一节钢管柱外，每段钢管柱浇筑完成需清除掉上面的浮浆，待混凝土初凝后灌水养护。

030810 劲性节点混凝土浇筑

劲性节点混凝土浇筑三维示意图

工艺说明

　① 经设计同意后在钢梁上开设混凝土流淌孔，开口处采用钢板补强。

　② 混凝土从钢骨单侧上口灌入，下料高度应高于下翼缘高度，待混凝土从钢梁下翼缘另一侧溢出后方可从梁两侧同时下料。

　③ 振捣时振捣棒应尽量避免振动模板及钢构件。